# Visual FoxPro 程序设计

主编　李晓静　张剑锋

北京理工大学出版社
BEIJING INSTITUTE OF TECHNOLOGY PRESS

## 内 容 提 要

本书采用项目教学模式来完整介绍 Visual FoxPro 9.0 数据库技术。本书共分 9 个项目，主要内容包括 Visual FoxPro 9.0 基础知识、数据及数据运算、数据库和表的操作、查询和视图、结构化查询语言 SQL、程序设计基础、表单设计、报表设计及菜单设计。

本书可作为高等院校计算机应用专业和相关专业的数据库教材，也可作为全国计算机等级考试(二级 Visual FoxPro 程序设计)辅导教材使用。

### 图书在版编目(CIP)数据

Visual FoxPro 程序设计 / 李晓静，张剑锋主编. —北京：北京理工大学出版社，2018.9
ISBN 978－7－5682－5505－9

I.①V… Ⅱ.①李… ②张… Ⅲ.①关系数据库系统-程序设计 Ⅳ.①TP311.138

中国版本图书馆 CIP 数据核字(2018)第 076892 号

出版发行／北京理工大学出版社有限责任公司
社　　址／北京市海淀区中关村南大街 5 号
邮　　编／100081
电　　话／(010)68914775(总编室)
　　　　　(010)82562903(教材售后服务热线)
　　　　　(010)68948351(其他图书服务热线)
网　　址／http://www.bitpress.com.cn
经　　销／全国各地新华书店
印　　刷／保定华泰印刷有限公司
开　　本／787 毫米×1092 毫米　1/16
印　　张／14　　　　　　　　　　　　　　　责任编辑／张荣君
字　　数／304 千字　　　　　　　　　　　　文案编辑／张荣君
版　　次／2018 年 9 月第 1 版　2018 年 9 月第 1 次印刷　责任校对／周瑞红
定　　价／65.00 元　　　　　　　　　　　　责任印制／边心超

图书出现印装质量问题，请拨打售后服务热线，本社负责调换

　　数据库基础及应用是计算机类专业的基础课程。但现有的版本面向的往往是专业知识深，学生学习理解较困难，教学效果不理想。为了填补这一空白，我们组织人员编写了这本《Visual FoxPro程序设计》。

　　本书根据数据库应用基础教学基本要求编写，同时参考了《全国计算机等级考试二级考试大纲（Visual FoxPro 程序设计）》的要求，既可作为高等院校计算机应用专业和相关专业的数据库教材，也可作为全国计算机等级考试（二级 Visual FoxPro 程序设计）辅导教材使用。

　　本书采用项目教学模式来完整介绍 Visual Foxpro 9.0 数据库技术。本书共分 9 个项目，主要内容包括 Viusal FoxPro 9.0 基础知识、数据及数据运算、数据库和表的操作、查询和视图、结构化查询语言 SQL、程序设计基础、表单设计、报表设计及菜单设计等。

　　本书的主要特点：以近十年二级 VF 考试题为基础，编写了"练一练"的小节练习和"巩固提升"的项目练习题，在内容的广度和深度上尽量满足对口高考的要求，使广大学生完成课程的学习后，能够在对口高考中取得理想成绩。本书以图文混排的方式编排，书页清晰美观，知识体系完整，结构顺序合理，内容深度适宜，任务目标明确，实例典型准确，操作步骤翔实；对于重点、难点，通过扫描二维码获得视频讲解，使学生更容易理解相关内容。

鉴于作者水平有限，书中难免存在不妥之处，敬请广大读者批评指正。

编　者

# CONTENTS

# 目　录

# 项目 1

# Visual FoxPro 9.0 基础知识

■ 数据库系统概述

■ 认识 Visual FoxPro 9.0

■ 使用"项目管理器"管理项目

# 1.1　数据库系统概述

Visual FoxPro 9.0 是由 Microsoft 公司于 2007 年推出的产品，是一个非常强大的应用程序开发工具。它为数据库开发人员提供了一种以数据为中心、面向对象的开发环境，以面向对象程序设计（OOP）提供了重用性和兼容性很高的应用程序。它不仅可以创建桌面数据库应用程序，还能创建 Web 数据库应用程序等其他类型的数据库程序。

## 1.1.1　信息、数据和数据处理

人类的一切活动都离不开数据和信息，尤其是现在的信息时代，人类利用计算机处理着各种各样的信息和数据。

### 1. 信息

信息（Information）是经过加工处理并对人类客观行为产生影响的数据表现形式。信息无时不有，无处不在，客观存在于人类社会的各个领域，而且不断地变化着。从计算机的领域，一般把信息看作是人们进行各种活动所需要的知识。

### 2. 数据

数据（Data）是用来描述客观事物的可识别的符号。它包括内容和形式两个含义，可以是数字、字母等文字信息，也可以是图像、声音、动画等多媒体信息。

### 3. 数据处理

数据和信息既有联系又有区别，数据是物理符号的载体，而信息是数据的具体内涵。所以信息是反映客观现实世界的知识，用不同的数据形式可以表现各种信息。

数据处理是指利用计算机技术将数据转化成信息的过程。数据处理包括数据的收集、整理、存储、分类、排序、检索、维护、计算、加工、统计、传输。

【练一练】
Visual FoxPro 9.0 是面向＿＿＿＿＿＿＿＿的程序设计系统。

## 1.1.2　数据库系统基础知识

### 1. 数据库

数据库（Data Base，DB）是按照一定的组织结构存储在计算机内可以共享使用的相关数据的集合。它以文件的形式组织，包括一个或多个文件，可以被多个用户所共享，也是数据库系统的重要组成部分。计算机数据库中的信息可以按字符、字段、记录和表文件来进行组织。

（1）字符：数据的最小存取单位，由字母、数字、汉字和其他符号组成。

（2）字段：数据的最小访问单位，具有独立的含义。例如，数据库中的学号、姓名等字段。

（3）记录：由一个或多个字段组成的数据单位，用来描述一个完整的客观事物。例如，对某个学生的成绩进行描述，可以通过学号、姓名和各科成绩等字段进行描述。

（4）表：是指组织数据和有序管理数据的二维表，是存放在存储介质上的文件，它是建立和管理数据库的基本元素。

## 2. 数据库系统

数据库系统是指计算机系统中引入数据库后的系统构成，是一个具有管理数据库功能的计算机软硬件综合系统。

数据库系统（Data Base System，DBS）由计算机硬件、数据库（DB）、数据库管理系统（DBMS）、应用程序和用户 5 个部分组成。

数据库系统应具有以下特性。

（1）特定的数据模型。数据库中的数据是有结构的，以数据模型组织数据，如关系数据库以关系模型来组织数据。

（2）实现数据共享，减少数据冗余。数据共享是数据库的一个重要特性。一个数据库不仅可以被一个用户使用，同时也可以被多个用户使用，同样多个用户可以使用多个数据库，从而实现数据共享，提高资源利用率。通过数据共享，避免了数据库中数据的重复出现，大大降低了数据冗余性。

（3）数据独立性。数据库系统中的数据是以记录为存取单位的，记录与记录直接相对独立，部分数据的改变不会影响其他数据的内容和结构。

（4）数据的保护控制。由于数据库可以共享，数据库系统必须提供必要的保护措施，这些措施包括数据的安全性控制、数据的并发访问控制、数据的完整性控制等。

## 3. 数据库管理系统

数据库管理系统（Data Base Management System，DBMS）是用来建立、存取、管理和维护数据库的软件系统。

数据库管理系统是数据库系统的核心软件，是用户与数据库之间的接口。数据库系统的不同用户对数据库的建立，以及数据的编辑、修改、检索、统计汇总、打印报表和数据库的并发控制的操作，都是由数据库管理系统来完成的。

Visual FoxPro 9.0 就是一种在计算机上运行的数据库管理系统软件。

【练一练】

1. 数据库系统的核心是（　　　）。

A. 数据库　　　　　B. 操作系统　　　　　C. 数据库管理系统　　　　　D. 数据库管理员

2. 简述 DB、DBS 和 DBMS 的关系。

### 1.1.3 数据管理技术发展阶段

随着计算机硬件、软件技术和计算机应用范围的发展，数据管理技术得到了很大的发展，先后经历了以下 5 个阶段，如图 1-1 所示。

图 1-1 数据管理技术发展阶段

### 1.1.4 数据模型

数据模型是各个数据对象及它们之间存在的相互关系的描述。

数据模型是数据库系统的核心和基础，常见的数据模型有 3 种：层次模型、网状模型和关系模型，各种数据库管理软件都是基于某种数据模型的。

**1. 层次模型**

层次模型是指用倒置的树形结构来表示各实体及实体之间的联系。其结构特点是有且仅有一个结点（根结点）无父结点，其他结点有且仅有一个父结点。它体现了实体间一对多的联系。

**2. 网状模型**

网状模型是指用网状结构来表示实体及实体之间的联系。其结构特点是可以有一个以上的结点无父结点，至少有一个结点可以有多于一个的父结点，各结点之间是平等的，不分层次。它体现了实体间多对多的联系。

**3. 关系模型**

关系模型是指用二维表格结构表示实体及实体之间的联系。

构成关系模型的二维表应满足的条件，如图 1-2 所示。

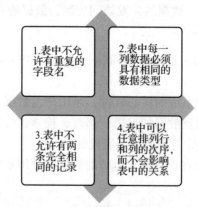

图 1-2 关系模型二维表的条件

**4. 面向对象模型**

面向对象模型是用面向对象的观点来描述现实世界的实体，它包括对象和对象标识、属性和方法、封装和消息、类和继承。

【练一练】

1. 按照传统的数据模型分类，数据库系统可分为（　　　）3种类型。

A. 大型、中型和小型　　　　　　　B. 西文、中文和兼容

C. 层次、网状和关系　　　　　　　D. 数据、图形和多媒体

2. Visual FoxPro 9.0 支持的数据模型是（　　　）。

A. 层次数据模型　　B. 关系数据模型　　C. 网状数据模型　　D. 树状数据模型

3. 在数据库设计中用关系模型来表示实体和实体之间的联系。关系模型的结构是
（　　　）。

A. 层次结构　　　　B. 二维表结构　　　C. 网状结构　　　D. 封装结构

## 1.1.5　关系数据库

### 1. 基本概念

（1）实体：指现实世界客观存在，可以相互区别的事物。实体可以是实际存在的对象，或者抽象的对象，或者是事物与事物之间的联系。

（2）实体模型：指实体之间的联系。常见的实体模型有 3 种：一对一联系、一对多联系和多对多联系（具体内容见项目 3）。

（3）属性：二维表中的列就是属性，实体可以有多个属性，如学生实体可以用"学号""姓名""性别"等属性来描述，表中每一列有一个属性名。在 Visual FoxPro 中，属性也称为字段。

（4）域：属性的取值范围，可以是字符型、数值型、日期型、整型、逻辑型等。同一实体集合中，各实体值相应的属性有着相同的域。

（5）元组：表中的行称为元组。在 Visual Foxpro 中，元组也称为记录。

（6）元数：关系模式中属性的个数，或者表中列的个数。

（7）关键字：其值能唯一标示出各个实体的某个属性或属性组合。例如，在学生实体中，能作为关键字的属性可以是"学号"，它唯一表示了实体集中的某个实体，而"姓名"一般不能作为关键字，可能会重名。

当关系中有多个属性可作为关键字而选定其中一个时，这个关键字称为该实体的主关键字。在实体的多个属性中，某属性不是该实体的主关键字，却是另一实体的主关键字，则称此属性为外部关键字。

### 2. 关系操作

Visual FoxPro 9.0 是一种关系型数据库管理系统，适用于处理二维表结构的数据。在对关系数据库进行操作时，有时需要从一个或多个关系中找出用户所需要的数据，它是通过对关系进行相应的关系运算获得的。

（1）选择。选择是从一个关系中找出满足给定条件的元组（记录）的操作，是从行的角度进行的运算。

（2）投影。投影是从一个关系中选取若干属性（字段）组成新的关系的操作，是从列的角度进行的运算。

（3）连接。联接是将两个关系中的记录按一定条件横向结合，从而生成一个新的关系。

# 1.2　认识Visual FoxPro 9.0

## 1.2.1　Visual FoxPro 9.0的启动与退出

### 1. 启动 Visual FoxPro 9.0

　　启动 Visual FoxPro 9.0 的方法和启动其他 Windows 应用程序的方法相同。
　　（1）使用开始菜单启动 Visual FoxPro 9.0。
　　执行"开始"→"所有程序"→"Microsoft Visual FoxPro 9.0"命令。
　　（2）双击桌面上的"Visual FoxPro 9.0"图标，如图 1–3 所示。

图 1–3　Visual FoxPro 9.0 图标

### 2. 退出 Visual FoxPro 9.0

　　退出 Visual FoxPro 9.0 的方法如下。
　　（1）使用菜单：选择"文件"→"退出"命令。
　　（2）使用标题栏：单击标题栏最右端的关闭窗口按钮。
　　（3）使用组合键：按 Alt+F4 组合键。
　　（4）使用命令窗口：在命令窗口输入 QUIT 命令后按下回车键。
　　使用 QUIT 命令后将退出 Visual Foxpro 9.0 系统，返回操作系统界面。

## 1.2.2　Visual FoxPro 9.0开发环境

在启动 Visual FoxPro 9.0 后，显示如图 1-4 所示的窗口。

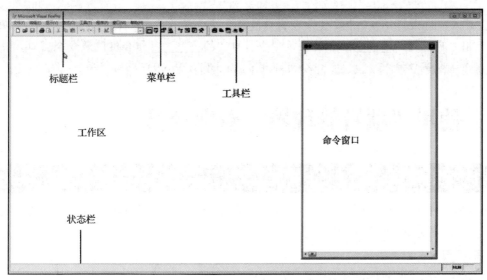

图 1-4　Visual FoxPro 9.0 开发环境

### 1. 标题栏

标题栏显示当前打开窗口的标题。

### 2. 菜单栏

菜单栏提供了 Visual FoxPro 9.0 的各种操作命令，几乎所有的操作都可以通过菜单来完成。

### 3. 工具栏

工具栏为用户提供了快速完成某项选择的功能。用户可以通过选择"显示"→"工具栏"命令，打开如图 1-5 所示的"工具栏"对话框，选中或取消选中对应的复选框。

### 4. 命令窗口

命令窗口是用户交互式执行 Visual FoxPro 9.0 命令的窗口。在该窗口中可以直接输入命令，按 Enter 键后立即执行该命令。

已经执行的命令在窗口中会自动保存，对于输入的命令可以进行复制、修改、剪切、粘贴等操作。当用户使用菜单进行操作时，命令窗口中会出现一些字符，即操作的命令形式。

用户可以按 Ctrl+F2 组合键显示命令窗口，按 Ctrl+F4 组合键隐藏命令窗口。

图 1-5　工具栏对话框

### 5. 工作区窗口

工作区窗口是用来显示 Visual FoxPro 9.0 各种操作信息的窗口，也称信息窗口。

# 1.3 使用"项目管理器"管理项目

## 1.3.1 创建项目

项目是文件、数据、文档和对象的集合，是用来管理、组织数据和对象的主要工具，它对应一个扩展名为 .pjx 的项目文件。

### 1. 创建项目

1）使用"创建"对话框

选择"文件"→"新建"命令，打开"新建"对话框，在"文件类型"栏中选中"项目"单选按钮，单击"新建文件"按钮，弹出"创建"对话框，如图 1-6~ 图 1-8 所示。

图 1-6　新建文件

图 1-7　"新建"对话框

图 1-8　"创建"对话框

2）使用命令

使用命令方式建立项目，系统会自动建立项目文件，并打开该项目管理器，如图 1-9 所示。格式如下：

```
MODIFY PROJECT [项目文件名]
```

图 1-9　使用命令新建项目文件

## 2. 打开项目

选择"文件"→"打开"命令，打开"打开"对话框，打开已经建立好的项目文件"学生管理 .pjx"，如图 1-10 所示。

图 1-10　项目窗口

【练一练】

在 Visual FoxPro 9.0 的项目管理器中不包括的选项卡是（　　　　）。

A. 数据　　　　　B. 文档　　　　　C. 类　　　　　D. 表单

## 1.3.2　"项目管理器"的使用

项目管理器是处理数据和管理对象的工具，它由"全部""数据""文档""类""代码"和"其他"6 个选项卡组成。其中，"全部"选项卡用于显示项目中的全部对象；而"数据""文档""类""代码"和"其他"选项卡用于分类显示各种对象。

## 1. 创建文件

在项目管理器中，选择要创建的文件类型，单击"新建"按钮即可。

## 2.添加文件

在项目管理器中，选定要添加的文件类型，单击"添加"按钮即可。

## 3.修改文件

在项目管理器中，选定一个已有的文件，单击"修改"按钮即可对选定文件进行编辑修改。

## 4.移去文件

移去文件有两种选择：一个是将文件从项目中移去；另一个是将文件从磁盘上删除。在项目管理器中，选定要移去的文件，单击"移去"按钮，然后通过对话框进行选择。

## 5.连编文件

把项目中相关的文件编成应用程序或可执行文件。

提示：项目管理器中的命令按钮不是一成不变的，会根据选择的文件不同产生变化。例如，打开一个表文件后，"运行"按钮会变成"浏览"按钮。

### 1.3.3 自定义"项目管理器"

自定义项目管理器

用户可以根据需要对项目管理器进行调整大小、移动位置、折叠、拆分、停放等操作。

|||||||||||||||||||||||||| 巩固提升 ||||||||||||||||||||||||||

### 一、选择题

1. 在关系型数据库管理系统中有 3 种基本的关系操作，不包括（      ）。

A. 筛选            B. 比较            C. 投影            D. 连接

2. 在 Visual FoxPro 中，以下关于关系模型的叙述错误的是（      ）。

A. 构成关系模型的二维表中不允许有重复的字段名

B. 构成关系模型的二维表中同一列数据可以有不同的数据类型

C. 构成关系模型的二维表中不允许有完全相同的记录

D. 在关系模型中数据被组织成二维表

3. 在 Visual FoxPro 中，将两个数据库文件按某个条件筛选部分（或全部）记录及部分（或全部）字段，组合成一个新的数据库文件的关系操作为（      ）。

A. 投影            B. 连接            C. 筛选            D. 更新

4. Visual FoxPro 是一种关系型数据库管理系统，其中"关系"是指（      ）。

A. 数据模型符合满足一定条件的二维表格

B. 一个数据库文件与另一个数据库文件之间有一定的关系

C. 各字段间的数据彼此有一定的关系

D. 各条记录中的数据彼此有一定的关系

5. 在 Visual FoxPro 9.0 中，项目文件的扩展名是（      ）。

A. .prg            B. .pjx            C. .scx            D. .qpr

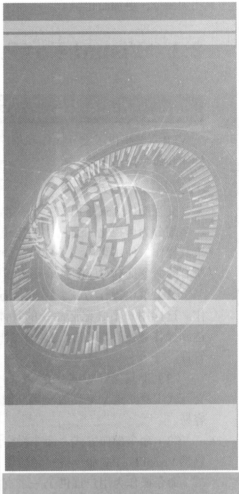

# 项目 2

## 数据及数据运算

- Visual FoxPro 9.0 的工作方式和命令格式
- 常量和变量
- 常用函数
- 运算符和表达式

1. 了解 Visual FoxPro 9.0 的工作方式，牢记命令格式。
2. 区别不同类型的常量和变量并能熟练应用。
3. 能够在不同环境中熟练使用函数。
4. 能够准确计算表达式的结果。

数据就是数值，也就是我们通过观察、实验或计算得出的结果。VF 中提供了 13 种数据类型。可以使用运算符对其进行计算并将结果保存到存储容器中。除此之外还提供了函数和相关命令，更加简化明了。

# 2.1　Visual FoxPro 9.0的工作方式和命令格式

## 2.1.1　Visual FoxPro 9.0的工作方式

VFP 系统提供了交互操作和程序操作两种操作方式，其中交互操作又包括菜单操作、工具操作和命令操作 3 种方式。

### 1. 交互操作方式

交互操作方式是用户一步一步地响应系统要求和提示的操作方式。交互操作方式又可进一步细分为可视化的交互式操作和命令方式的交互式操作。可视化操作主要包括菜单操作和工具操作。使用菜单、工具或命令操作，多数情况下殊途同归，得到相同的界面。但是不是所有的命令都有对应的菜单项或工具栏。

（1）菜单操作方式。系统将若干命令做成对应菜单项，用户可以通过菜单的选择来操作。这样用户不必记忆命令的具体格式，而是通过对话来完成相应的命令输入操作，从而达到操作数据库的目的。这种操作方法无须编写程序，就可以完成大部分数据库的操作和管理。

（2）工具操作方式。在 Visual FoxPro 系统中提供工具分为设计器、向导、生成器 3 种交互式工具。这些工具的使用使创建表、表单、数据库、查询和报表及管理数据时变得更加容易。

（3）命令操作方式。命令操作就是在命令窗口中输入一个命令执行操作。这要求用户要熟悉 Visual FoxPro 命令格式和选项，如创建一个表单，输入"Create Form"命令就可以实现。

命令操作为用户提供了一个直接操作的手段，这种方法能够直接使用系统的各种命令和函数，有效地操作数据库。通常在测试一个命令和函数时，要用到命令操作方式。

### 2. 程序操作方式

程序操作是指将多条命令编写成一个程序，通过运行这个程序达到批处理执行命令，从而实现操作数据库的目的。

开发一个实际应用系统需要编写程序，以提供更简洁的界面交给用户去操作。Visual FoxPro 的程序设计和其他高级语言的程序设计是相通的。

上述的几种操作方式可以相互补充，既可以在程序中设计菜单，使用菜单操作程序，也可以在菜单中运行程序。当然，命令操作是这些操作方法的基础和核心。

## 2.1.2  Visual FoxPro 9.0命令的语法结构

Visual FoxPro 命令总是由一个命令动词开头，其后跟上若干个短语（子句），用来说明命令的操作对象、操作结果和操作条件等信息。基本书写格式如下：

```
命令动词 [< 范围 >] [For< 条件 >] [While< 条件 >][Fields< 表达式 > ]
```

参数说明如下。

（1）命令动词。命令动词是 Visual FoxPro 的命令的名字，用来表示命令的操作。

（2）范围子句。在一些命令中都有一个范围子句，表示记录的范围。具体如表 2-1 所示。

表 2-1  范围子句及其记录的范围

| 范围子句 | 记录的范围 |
|---|---|
| Record<N> | 表示指定第 N 个记录 |
| Next<N> | 表示从当前记录开始的第 N 个记录 |
| ALL | 表示数据表中的所有记录 |
| REST | 表示从当前记录开始到文件结束的所有记录 |

（3）Fields 子句。Fields 子句说明数据表的字段名称，一般后面跟一个字段名称表（简称字段表）。在字段表中，每个字段名之间必须用逗号隔开。如果不选择这个子句，则表示选择所有的字段。

（4）For/While 子句。For/While 子句后面一般跟一个 < 条件表达式 >。While 是当扫描到条件不满足的记录就停止操作;而 For 必须扫描完所有记录并进行操作后才停止。应注意的是，若一条命令中同时有 For 与 While 子句时，则优先处理后者。

（5）符号。

<>：表示尖括号内的内容是必选的。

[]：表示方括号内的项是可选的。

|：表示在其中可选择任意一项，不同参数代表不同功能，但是不可兼得。

提示：在实际输入时，不需要输入 <>、[] 和 | 这些符号。

## 2.1.3  Visual FoxPro 9.0命令的书写规则

Visual FoxPro 的命令书写非常灵活，用户应遵循如下规则。

（1）任何命令必须以命令动词开头。

（2）命令行中命令动词与短语之间，各短语之间用空格隔开。

（3）一条命令的最大长度为 254 个字符，一行写不下时，用分行符";"分行，并在下一行继续书写。

（4）命令中的分隔符必须在英文半角状态下输入。

（5）命令及短语不区分大小写且只输入前 4 个字母即可。但尽量不要缩写，以保证程序的可读性。

（6）每条命令都是以 Enter 键作为结束标志。

## 2.2 常量和变量

Visual FoxPro 9.0 中提供了 18 种数据类型，如表 2-2 所示。

表 2-2 数据类型及其说明

| 类型 | 缩写 | 字节数 | 说明 |
|---|---|---|---|
| 字符型 | C | ≤ 254 | 由英文字母、汉字、数字、空格和各种符号组成的字符串 |
| 数值型 | N | ≤ 20 | 包括正负号、小数点和数字。取值范围为 $-0.9999999999E+19 \sim 0.9999999$ $999E+20$ |
| 货币型 | Y | 8 | 货币金额数字。取值范围为 $-922337203685477.5808 \sim 922337203685477.5807$ |
| 浮动型 | F | ≤ 20 | 与数值相同，包括正负号、数字及小数点 |
| 双精度型 | B | 8 | 用于存放数据处理中的高精度数据。取值范围为 $-4.9406548541247E-324 \sim$ $1.79769313486232E+308$ |
| 整型 | I | 4 | 只存储整数，包括数字和正负号。取值范围为：$-2147483647 \sim$ $2147483646$ |
| 日期型 | D | 8 | 保存年、月、日格式的日期，存储格式为 YYYYMMDD，其中，YYYY 表示年份；MM 表示月份；DD 表示日子。表示日期的格式很多，例如，2004 年 5 月 1 日，表示为 05/01/2004 或 05/01/04 等。日期取值范围为 01/01/0001 ~ 12/31/9999 |
| 日期时间型 | T | 日期 8 个，时间 6 个 | 包含年、月、日、小时、分、秒格式的数据。通常用于表示出生日期、会议的日期与时间等。存储格式为 YYYYMMDDhhmmss，其中，YYYY 表示年份；MM 表示月份；DD 表示日子；hh 表示小时；mm 表示分钟；ss 表示秒。如果将日期型数值转化为日期时间型时，时间将默认为 12：00：00AM。例如，dt={^2004/05/01 10：58：24 AM}。时间的取值范围为 00：00：00AM～11：59：59PM，日期的取值范围同日期型 |
| 逻辑型 | L | 1 | 它的值只有真（.T.）和假（.F.）两种，如男或女、已婚或未婚等。 |
| 备注型 | M | 4 | 它是为了突破字符型数据最多只容纳 254 个字符的限制而设立的。备注型数据有 4 个字节的固定长度，但这 4 个字节不是它真正的内容，其实际内容存放在一个以 .FPT 为扩展名的文件中。这 4 个字节用以存放指向 .FPT 文件位置的指针。在 .FPT 文件中，可存放任意长度的字符数 |
| 通用型 | G | 4 | 将外部的数据文件如声音、图像、视频等 OLE 对象作为数据来处理，由于存储指向一个 OLE 对象的指针，OLE 对象分为链接和嵌入两种。与备注型一样，实际数据存放在 .FPT 文件中 |
| 字符型（二进制值） | C | ≤ 254 | 将数据存储为二进制值格式，所存储的数据不因代码页改变而改变 |
| 备注型（二进制值） | M | 4 | 与字符型（二进制值）一样，当代码页数改变时，其值不会随之改变 |
| 整型（自动增量） | I | 4 | |
| Blob:W | | 4 | 二进制大对象，是一个可以存储二进制文件的容器 |

| 类型 | 缩写 | 字节数 | 说明 |
|---|---|---|---|
| Varchar:C | | 4 | 可变长度字符数据 |
| Varchar:C<br>（二进制值） | | 4 | |
| Varbinary:Q<br>[（n）] | | N+4 | 是一个可以改变长度的二进制数据，Varbinary[（n）]是 n 位变长度的二进制数据。其中，n 的取值范围是从 1~8000 |

## 2.2.1　常量

在程序运行或操作的过程中其数据值不变的量是常量，又可以称为常数。在 Visual FoxPro 9.0 中，常量可以使用 6 种数据类型，并且不需要定义，直接使用即可。

### 1. 字符型常量

书写时需要加定界符，包括单引号、双引号和方括号，定界符不可交叉使用，当其中一种定界符当做字符输出的时候应该选用其他的定界符使用，不可冲突。最长不可超过 254 个字节，常用大写的 C 来表示，可以包含汉字、数字、字母、空格及其他字符。例如，"计算机""Visual FoxPro 9.0"、["WWW"表示万维网]。

### 2. 数值型常量

书写时最长不能超过 20 位，常用 N 来表示，可以是整数、小数或者负数。小数点和负号各占一位。

例如：123，–456，3.24。

### 3. 日期型常量

书写格式：{^YYYY/MM/DD}，显示格式为 MM/DD/YY。固定 8 个字节，用大写的 D 表示。最小的日期为公元 {^0001/01/01}，表示公元元年 1 月 1 日，最大的日期为 {^9999/12/31}，表示公元 9999 年 12 月 31 日。而空日期，可以用 {/} 或者 {} 来表示。例如：{^2018/01/15}。

### 4. 日期时间型常量

书写格式：{^YYYY/MM/DD hh：mm：ss}，采用 24 小时制，使用 AM、PM 来标注上下午。固定日期 8 个字节，时间 6 个字节，用大写的 T 来表示。而空日期时间，可以用 {：} 来表示。例如：{^2018/02/05 08：25：40 AM} 和 {^2017/10/12 15：30：16 PM}。

### 5. 逻辑型常量

只有两个值："逻辑真"或"逻辑假"，用 .T. 或 .F. 来表示，固定 1 个字节。

### 6. 货币型

书写时数字前面必须加上货币符号："$"或"¥"。固定 8 个字节，最多保留 4 位小数，多余的小数系统自动进行四舍五入。例如：¥34.57、$679。

## 2.2.2　变量

变量是指储存在计算机内可以变化的量。主要由变量名、变量类型和变量的值组成。在

Visual FoxPro 9.0 中，变量分为内存变量、字段变量和系统变量。

## 1. 内存变量

内存变量是内存中的临时存储单元，它一般是由用户定义的，用来存放程序运行过程中所要临时保存的数据。内存变量使用字符型、数值型、日期型、日期时间型、逻辑型和货币型 6 种数据类型。

1）内存变量的命名

（1）必须以字母或汉字开头。

（2）由字母、汉字、数字和下划线组成。

（3）最长不能超过 254 个字符。

2）内存变量的赋值

简单的内存变量是不需要定义的，可以通过重新给变量赋值来改变变量的值。在 Visual FoxPro 9.0 中，提供了 5 种赋值方式。

（1）=: < 内存变量 >=< 表达式 >。

说明：一次只能给一个变量赋一个值。

例如：

```
学号 = "201012"        && 表示给学号赋初值 201012，数据类型是字符型
工资 = 12500           && 表示给工资赋初值 12500，数据类型是数值型
```

（2）STORE < 表达式 > TO < 内存变量名表 >。

说明：一次可以给多个变量赋相同的值。

例如：

```
SOTER "税务局" TO 单位        && 表示给单位赋值为税务局，数据类型为字符型。
STORE {^2017/10/15} TO A, B   && 表示给 A、B 赋相同的日期型数据
```

（3）WAIT、INPUT、ACCEPT 命令的使用见项目 5。

3）内存变量的显示

```
?   [<表达式表>]             && 换行输出
? ? [<表达式表>]             && 不换行输出
```

提示：单独的"?"表示换行。

例如：

```
A=12
B=25
? A, B
? ? A+B
12 25 37
```

显示内存变量的有关信息的代码格式为：

```
LIST/DISPLAY MEMORY [LIKE<通配符>][TO PRINTER[PROMPT]|TO FILE<文件名>]
```

功能：显示内存变量的有关信息，包括变量名称、类型、作用域和值。

【提示】

　　LIKE 后的通配符"*"表示零个或多个字节，"?"表示一个字节。

例如：

```
LIST MEMO LIKE A* TO PRINT    && 将所有以 A 开头的内存变量打印输出
```

**4）内存变量的删除**

（1）RELEASE ＜内存变量名表＞

（2）RELEASE ALL [LIKE/EXCEPT ＜通配符＞]

功能：删除指定的或所有的内存变量。

例如：

```
RELEASE A, B
RELEASE ALL LIKE ? A
```

## 2. 字段变量

字段变量是依据数据表而存在的，是指数据表中记录的数据项。字段变量的值就是当前记录字段的值，并可以随着记录指针的移动而改变。字段变量的数据类型是在定义数据表结构时确定的。

字段变量支持 18 种数据类型，详情请见表 2-2。

字段变量的命名规则如下。

（1）必须以字母或汉字开头。

（2）由字母、汉字、数字和下划线组成。

（3）数据库表最长不能超过 128 个字符，自由表不能超过 10 个字符。

（4）不能使用 Visual FoxPro 的保留字作为变量名。

字段变量与内存变量的区别如下。

① 字段变量是表的一部分。使用字段变量前先打开包含该字段的表，而内存变量与表无关。

② 内存变量为单值变量，而字段变量为多值变量。

③ 当内存变量与字段变量同名时，字段变量优先于内存变量。若要访问内存变量，则应在内存变量名前冠 "M." 或 "M->"；否则系统默认为字段变量。

## 3. 系统变量

系统变量是系统内部提供的、系统特有的变量，其变量名都是以下画线开头，分别用于控制外部设备、屏幕输出格式，或处理有关计算器、日历、剪贴板等方面的信息。

显示和查看系统变量的命令：

```
DISPLAY|LIST MEMORY [TO PRINTE[PROMPT]|TO FILE< 文本文件名 >]
```

## 2.2.3　数组

数组是特殊的内存变量。它是按一定顺序排列的一组内存变量，在内存中用一串连续的区域来存放，数组用统一的名称来表示，称为数组名。数组中的每一个内存变量都称为数组的元素，数组元素用数组名及它在数组中的排列标号（简称下标）来表示，数组的下标默认是从 1 开始的。例如：

```
A（1）、A（2）、A（3）、A（4）、A（5）、A（6）    &&A 表示数组名，1、2、3 为下标
```

根据下标的个数又可以将数组分为一维数组和二维数组。例如：

```
A（3）      && 一维数组，内含 3 个元素
A（4，5）   && 二维数组，内含 20 个元素
```

1）数组的定义

数组在使用之前必须先定义，基本格式如下：

```
DIMENSION | DECLARE< 数组名 1>（下标上限 1[，< 下标上限 2>]）[，< 数组名 2>（< 下标上限
1>[，< 下标上限 2>]）…]
```

功能：（1）定义一个或多个一维或二维数组。

（2）二维数组的元素个数为：下标上限 1* 下标上限 2。

（3）定义后数组元素默认赋初值为逻辑假值 .F.。

（4）同一数组各元素的数据类型可以不相同。

例如：

```
DIME A（6），Y（3，4）
DECLARE X（4，3）
```

2）数组变量赋值

（1）数组中各元素的数据值相同（省略下标）。

格式 1 如下：

```
STORE< 表达式 >TO< 数组名表 >
```

格式 2 如下：

```
< 数组名 > = < 表达式 >
```

例如：

```
DIME X（3，4）
STORE 10 TO X    &&X 中所有元素值都为 10
```

（2）数组中各元素的数据值不相同。

格式 1 如下：

```
STORE< 表达式 >TO< 数组元素名表 >
```

格式 2 如下：

```
< 数组元素名 > = < 表达式 >
```

【提示】

同一运行环境中，数组变量与简单变量不能同名。

例如：

```
DIMENSION  x（5）
x（1）=12
x（2）="china"
x（3）=" 计算机 "
x（4）=$100
x（5）={^2009-02-05}
?  x（1），x（2），x（3），x（4），x（5）
```

输出结果如图 2-1 所示。

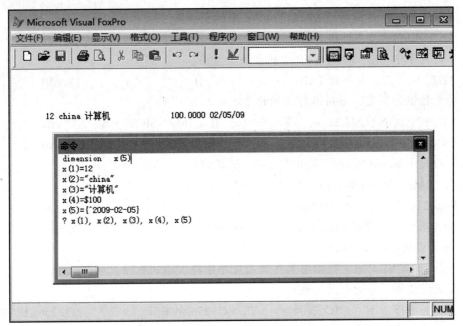

图 2-1 输出结果

3）访问数组变量（数组元素寻址）

（1）下标法：每个数组元素对应一个（或两个）确切的下标值，如 A（3）、B（2，4）。

（2）序号法（可用一维数组形式访问二维数组）：按数组元素排列顺序，只用一个下标值（序号）。

序号＝$m \times N - N + n$

例如：

```
DIMENSION  X( 3 , 4 )
```

则 X（2，3）可用 X（2×4－4＋3）＝X（7）表示。

| | 1 | 2 | 3 | 4 |
|---|---|---|---|---|
| 1 | | | | |
| 2 | | | | |
| 3 | | | | |

【提示】

  在屏幕显示命令或表达式中，仅使用数组名所操作的是第一个数组元素的值。

【练一练】

1. 下列（　　）不能作为 Visual FoxPro 中的变量名。

A. ABCDEFG　　　B. P000000　　　C. 89TWDDFF　　　D. xyz

2. 下列符号中（　　）是 VFP 中的合法变量名。

A. AB7　　　　　B. 7AB　　　　　C. IF　　　　　D. AIB

3. 对于数组的定义，下列语句正确的是（　　）。

A. DIMENSION　A（2, 4, 3）　　　B. DIMENSION　A（2），AB（2, 3）

C. DIMENSION　A（23）　　　　　D. DIMENSION　A（2），AB（2, 3）

4. 下面关于 Visual FoxPro 数组的叙述，错误的是（　　）。

A. 用 DIMENSION 和 DECLARE 都可以定义数组

B. Visual FoxPro 只支持一维数组和二维数组

C. 一个数组中各个数组元素必须是同一种数据类型

D. 新定义数组的各个数组元素初值为 .F.

5. 字符型（Character）数据用来存储用文字字符表示的数据，包括汉字、字母、数字、特殊符号及空格等，最大长度可达（　　）。

A. 254 个字符　　　B. 256 位　　　C. 256 个字节　　　D. 256KB

6. 如果某数值字段宽度为 8，小数为 2，则其整数部分最大取值为（　　）。

A. 999　　　　　B. 9999　　　　　C. 99999　　　　　D. 999999

7. 常量是指运算过程中其（　　）固定不变的量。

A. 值　　　　　B. 内存地址　　　　　C. 所占内存大小　　　　　D. 以上都是

# 2.3　常用函数

函数是指为了实现某种功能或者解决某个问题而预定义的一段程序。

函数基本格式如下：

函数名（参数）

【提示】

（1）函数由函数名和圆括号构成。

（2）参数可有零到多个，参数可为函数，称为函数嵌套。

（3）函数必有一个确切的返回值，称为函数值。

（4）函数值的数据类型与参数的数据类型可能相同，也可能不同。

在 Visual FoxPro 9.0 中，函数基本可以分为字符函数、数值函数、日期时间函数、数据类型转换函数及测试函数五大类。

## 2.3.1　字符函数

### 1. 宏替换函数

格式如下：

```
&<字符型内存变量>[. ]
```

功能：替换出字符变量的内容，即 & 的值是变量中的字符串。

说明：（1）如果该函数与其后的字符无明确分界，则要用"."作函数结束标识。

　　　（2）宏替换可以嵌套使用。

例如：

```
A="ABC"
ABC="A"
? &A, &ABC          && 结果分别为 A   ABC
```

## 2. 字符串截取函数

格式如下：

```
LEFT（<字符表达式>, <长度>）
RIGHT（<字符表达式>, <长度>）
SUBSTR（<字符表达式>, <起始位置>, [<长度>]）
```

作用：（1）LEFT 表示从 <字符表达式> 左边取出指定长度的字符。

　　　（2）RIGHT 表示从 <字符表达式> 右边取出指定长度的字符。

　　　（3）SUBSTR 表示从 <字符表达式> 中起始位置开始取出指定长度的字符。

说明：（1）如果 <字符表达式> 字符数目小于 <长度> 时，则取出所有字符。

　　　（2）一个汉字占两个字节。

　　　（3）SUBSTR 函数中若默认 <长度> 参数，则取到末尾；若长度超过字符串的长度，则取到末尾就停止。

例 1：

```
? LEFT ("Visual FoxPro 9.0", 4), LEFT ("学习编程", 2)。
        Visual                              学
```

例 2：

```
? RIGHT ("Visual FoxPro 9.0", 4), RIGHT ("学习编程", 2)
        o9.0                               程
```

例 3：

```
? SUBSTR ("Visual FoxPro 9.0", 8, 3), SUBSTR ("我们学习 VF", 5)
    Fox    学习 VF
? SUBSTR ("ABCDEF", 2, 7)
        BCDEF
```

## 3. 求字符串长度函数

格式如下：

```
LEN（<字符表达式>）
```

作用：求 <字符表达式> 的字符长度（字符数）。

说明：（1）空字符串的长度为 0。

　　　（2）返回值为一个数值型数据。

例如：

```
LEN（"钓鱼岛是中国的"），LEN（"123ABC"）
        14                        6
```

## 4. 大写转小写函数

格式如下：

```
LOWER（<字符表达式>）
```

作用：将<字符表达式>中的大写字符变为小写字符。

说明：只针对英文字母，其他字符不变。

例如：

```
? LOWER（"123ABCdef"）
  123abcdef
```

## 5. 小写转大写函数

格式如下：

```
UPPER（<字符表达式>）
```

作用：将<字符表达式>中的小写字符变为大写字符。

说明：其他字符不变。

例如：

```
? UPPER（"123ABCdef"）
        123ABCDEF
```

## 6. 生成空格字符串函数

格式如下：

```
SPACE（<数值表达式>）
```

作用：返回指定数目的空格。

说明：空格数与<数值表达式>的值相同。

例如：

```
? LEN（SPACE（5））
  5
```

## 7. 删除空格函数

格式如下：

```
LTRIM（<字符表达式>）
TRIM/ RTRIM（<字符表达式>）
ALLTRIM（<字符表达式>）
```

作用：（1）LTRIM 表示去掉<字符表达式>前导空格。

（2）TRIM/RTRIM 表示去掉<字符表达式>尾部空格。

（3）ALLTRIM 表示去掉<字符表达式>前导空格和尾部空格。

例 1：

```
?  "ab c"+"123", "ab c"+LTRIM("123")
   ab c 123       ab c123
```

例 2：

```
?  "ab c"+"123", TRIM("ab c")+"123", RTRIM("ab c")+"123"
   ab c 123       ab c123        ab c123
```

例 3：

```
? ALLTRIM("123 456"), LEN(ALLTRIM("ABC DE"))
   123 456         6
```

## 8. 求子串位置函数如下

格式如下：

```
AT(<字符表达式1>, <字符表达式2>)
```

作用：返回 <字符表达式 1> 在 <字符表达式 2> 中首次出现的位置。

说明：（1）若 <字符表达式 1> 没有包含在 <字符表达式 2> 中，则函数值为 0。

　　　（2）"字符表达式"区分大小写，最后返回值为数值型。

例如：

```
?  AT("abc", "ABCabc"), AT("大海", "海洋生物")
              4          0
atc() 函数也是求子串位置函数, Atc() 函数不区分大小写
```

## 9. 字符串匹配函数

格式如下：

```
LIKE(<字符表达式1>, <字符表达式2>)
```

作用：比较两个字符串对应位置上的字符，若所有对应字符都匹配，则函数返回逻辑真；否则返回逻辑假。

说明：（1）<字符表达式 1> 中可以包含通配符 * 和 ?。

　　　（2）通配符只在 <字符表达式 1> 中生效。

例如：

```
?  LIKE("ab?", "abc"), Like("abc", "ab?")
        .T.              .F.
```

## 10. 字符串复制函数

格式如下：

```
REPLICATE(<字符表达式1>, 次数)
```

作用：将 <字符表达式 1> 复制指定的次数。

说明：次数为一个数值表达式。

例如：

```
? REPLICATE("A", 5), REPLICATE("123", 3)
      AAAAA         123123123
```

## 11. 子串替换函数

格式如下：

```
STUFF（<字符表达式 1>，<起始位置>，<长度>，<字符表达式 2>）。
```

作用：用<字符表达式 2>替换<字符表达式 1>中从<起始位置>开始的若干字符，替换的字符数由<长度>给出。

说明：若<长度>为 0，则将<字符表达式 2>插入到<字符表达式 1>中<起始位置>处。

例如：

```
?  STUFF（"Visual Fox Pro9.0"，8，9，"Basic"）。
      Visual Basic
```

## 2.3.2 数值函数

### 1. 绝对值函数

格式如下：

```
ABS（<数值表达式>）
```

作用：求<数值表达式>的绝对值。

例如：

```
?  ABS（10），ABS（-10）
   10        10
```

### 2. 取整数函数

格式如下：

```
INT（<数值表达式>）
```

作用：返回<数值表达式>整数部分。

说明：将一个数的整数部分取出来，直接舍去小数部分。

例如：

```
?  INT（9.789），INT（-5.6）
   9              -5
```

### 3. 四舍五入函数

格式如下：

```
ROUND（<数值表达式 1>，<数值表达式 2>）
```

作用：根据<数值表达式 2>对<数值表达式 1>进行四舍五入。

说明：（1）数值表达式 2 为小数保留位数。

（2）<数值表达式 2>大于等于 0，则对小数位进行四舍五入。

（3）<数值表达式 2>小于 0，则对相应整数部分四舍五入。

例如：

```
?  ROUND（18.697，2），ROUND（18.697，1），ROUND（18.697，0），ROUND（18.697，-1）
   18.70              18.7                    19                  20
```

### 4. 平方根函数

格式如下：

SQRT（<数值表达式>）

作用：求<数值表达式>的平方根。

说明：数值表达式不能为负数。

例如：

```
? SQRT（16），SQRT（18*2）
    4.00        6.00
```

### 5. 取余数函数

格式如下：

MOD（<数值表达式 1>，<数值表达式 2>）

作用：返回<数值表达式 1>除以<数值表达式 2>的余数。

说明：（1）函数值的正负符号与<数值表达式 2>相同。

　　　（2）如果两数同号，则函数值等于两数相除的余数。

　　　（3）如果两数异号，则函数值等于两数相除的余数再加上<数值表达式 2>的值。

例如：

```
? MOD（10，3），MOD（10，-3），MOD（-10，3），MOD（-10，-3）
  1              -2            2              -1
```

### 6. 求最大值函数

格式如下：

MAX（<表达式 1>，<表达式 2>，…）

作用：求各表达式中最大值。

说明：所有表达式的类型必须相同。

例如：

```
? MAX（12，15.5，4.23），MAX（"abc"，"ab"），MAX（"2"，"12"，"05"）
   15.5               abc              2
```

### 7. 求最小值函数

格式如下：

MIN（<表达式 1>，<表达式 2>，…）

作用：求各表达式中最小值。

说明：所有表达式的类型必须相同。

例如：

```
? MIN（12，15.5，4.23），MIN（"abc"，"ab"），MIN（"2"，"12"，"05"）
   4.23               ab               05
```

### 2.3.3 日期时间函数

#### 1. 系统日期函数

格式如下：

DATE（）

作用：获取系统当前日期。

例如，若当前日期为 2018 年 1 月 2 日，则：

? DATE（）

01/02/18

#### 2. 系统时间函数

格式如下：

TIME（）

作用：获取系统当前时间。

例如，若当前时间为 17：07：15，则：

? TIME（）

17：07：15

#### 3. 求年份、月份、日函数

格式如下：

YEAR（＜日期表达式＞|＜日期时间表达式＞）

MONTH（＜日期表达式＞|＜日期时间表达式＞）

DAY（＜日期表达式＞|＜日期时间表达式＞）

作用：（1）YEAR 表示从指定的＜日期表达式＞或＜日期时间表达式＞获取年份。

（2）MONTH 表示从指定的＜日期表达式＞或＜日期时间表达式＞获取月份。

（3）DAY 表示从指定的＜日期表达式＞或＜日期时间表达式＞获取天数。

例如：

? YEAR（{^2018/02/01}）-1, MONTH（{^2018/02/01}）, DAY（{^2018/02/01}）

         2017                   2                  1

【提示】

各函数返回值均为数值型数据。

### 2.3.4 数据类型转换函数

STR 函数

#### 1. 数值转换成字符串函数

格式如下：

STR（＜数值表达式＞[,＜长度＞[,＜小数位数＞]]）

作用：将＜数值表达式＞的值转换成字符型数据。

说明：（1）函数转换的同时进行四舍五入。

（2）如果默认长度或小数位数，长度默认为 10，小数位数默认为 0。

（3）如果长度大于 < 数值表达式 >，则字符串加前导空格以满足规定的 < 长度 > 要求。

（4）如果 < 长度 > 值大于等于 < 数值表达式 > 值的整数部分位数（包括负号）但又不足小数位，则优先满足整数部分而自动调整小数位数。

（5）如果 < 长度 > 值小于 < 数值表达式 > 值的整数部分位数，则返回相应数量的星号（＊）。

例如：

```
?  STR ( 123.456, 6, 2 ), STR ( 123.456, 5, 2 ), STR ( 123.456, 4, 2 ), STR ( 123.456,
2, 2 )
            123.46            123.5            123            **
```

## 2. 字符串转换成数值函数

格式如下：

```
VAL（字符表达式）
```

作用：将 < 字符表达式 > 的值转换成数值型数据。

说明：（1）函数从左至右依次转换每个数字字符，遇到第一个非数字字符停止转换。

（2）若 < 字符表达式 > 的首字符不是数字符号，则返回数值零。

（3）默认保留两位小数。

例如：

```
?  VAL ( "123.4  45" ), VAL ( "123abd34" ), VAL ( "Visual FoxPro 9.0" )
        123.40            123.00            0.00
```

## 3. 字符串转换成日期函数

格式如下：

```
CTOD（< 字符表达式 >）
```

作用：将 < 字符表达式 > 的值转换成日期型数据。

说明：（1）"字符表达式"必须是日期格式。

（2）如果"字符表达式"的格式不符合日期格式，则将转换出空日期。

例如：

```
?  CTOD ( "02/01/18" ), CTOD ( "2018/02/01" )
02/01/18        /    /
```

## 4. 日期转换成字符串函数

格式如下：

```
DTOC（日期表达式 | 日期时间表达式 [ , 1 ]）
```

作用：将 < 日期表达式 > 的值转换成字符型数据，如果使用选项 1，则字符串的格式为 YYYYMMDD，共 8 个字符。

例如：

```
? DTOC（{^2018/02/01}）
02/01/18
```

## 5. 字符转 ASCII 码函数

格式如下：

```
ASC（<字符表达式>）
```

作用：将<字符表达式>的首字符转换为对应的 ASCII 码。

例如：

```
? ASC（"ABC"），ASC（"12ab"）
    65          49
```

## 6.ASCII 码转字符函数

格式如下：

```
CHR（<数值表达式>）
```

作用：将<数值表达式>作为 ASCII 码值转换成对应的字符。

例如：

```
? CHR（97），CHR（65）
    a        A
```

## 2.3.5 测试函数

### 1. 测试记录指针是否指向文件首

格式如下：

```
BOF（[<工作区号>|<表别名>]）
```

作用：测试当前或指定工作区中的数据表文件指针是否指向文件首。

说明：（1）若指向文件首则返回 .T. ；否则返回 .F.。

（2）文件首指第一条记录之前，记录号为 1。

### 2. 测试记录指针是否指向文件尾

格式如下：

```
EOF（[<工作区号>|<表别名>]）
```

作用：测试当前或指定工作区中的数据表文件指针是否指向文件尾。

说明：（1）若指向文件尾则返回 .T. ；否则返回 .F.。

（2）文件尾指记录指针在最后一条记录之后，记录号为总记录数加 1。

### 3. 测试当前记录号函数

格式如下：

```
RECNO（[<工作区号>|<表别名>]）
```

作用：返回当前工作区或指定工作区数据表的当前记录号。

说明：（1）若没有打开表，则返回 0。

　　　　（2）若指针指向文件尾，则返回记录总数加 1。

　　　　（3）若指针指向文件首，则返回 1。

## 4. 空值（NULL 值）测试函数

格式如下：

```
ISNULL（<表达式>）
```

作用：若 < 表达式 > 的值为 NULL 则返回 .T.；否则返回 .F.。

说明：此函数用于检测表达式的值是否为空值。

例如：

```
?  ISNULL（.null.），ISNULL（0），ISNULL（""），ISNULL（{/}）
        .T.              .F.          .F.            .F.
```

## 5. "空" 值测试函数

格式如下：

```
EMPTY（<表达式>）
```

作用：若 < 表达式 > 的值为 "空" 则返回 .T.；否则返回 .F.。

说明：区别于 ISNULL，只要是一个空的值就是 .T.，如空字符、空日期、零等。

例如：

```
?  EMPTY（.null.），EMPTY（0），EMPTY（" "），EEMPTY（{/}）
         .F.             .T.           .T.              .T.
```

## 6. 数据类型测试函数

格式如下：

```
TYPE（"<表达式>"）
```

作用：测试 < 表达式 > 的数据类型，返回表示数据类型的字符。

说明：表达式必须放在定界符（""、''、[ ]）中。

例如：

```
?  TYPE（"[visual]"），TYPE（"123"）
        C                  N
```

## 7. 文件是否存在函数

格式如下：

```
FILE（"<盘符：文件名>"）
```

作用：测试 < 盘符：文件名 > 是否存在，若存在则返回 .T.；否则返回 .F.。

说明：（1）括号中的引号（""）不能丢掉。

例如：

```
?  FILE（"C:xsda.dbf"）
        .T.
```

## 8. 工作区号函数

格式如下：

```
SELECT（<0|1| 别名 >）
```

作用：测试工作区号函数，返回一个数值型数据。

说明：（1）如果参数为 0，则返回当前工作区的区号。

（2）如果参数为 1，则返回工作区的总数 32767。

（3）如果参数为别名，则返回指定的工作区的区号。

（4）如果参数为其他，则返回 0。

例如：

```
? SELECT（1）, SELECT（3）
   32767         0
```

## 9. 值域测试函数

格式如下：

```
BETWEEN（< 表达式 1>,（< 表达式 2>,（< 表达式 3>）
```

作用：测试 < 表达式 1> 是否在 < 表达式 2> 和 < 表达式 3> 之间，若在则返回 .T.；否则返回 .F.。

说明：包含界值。

例如：

```
? BETWEEN（5, 1, 10）, BETWEEN（"Z", "A", "F"）
    .T.                       .F.
```

## 10. 测试查询结果函数

格式如下：

```
FOUND（）
```

作用：测试是否找到记录，若找到则返回 .T.；否则返回 .F.。

说明：用于测试 LOCATE、CONTINUE、SEEK、FIND 的查找结果。

## 11. 测试记录个数函数

格式如下：

```
RECCOUNT（[< 工作区号 >|< 表别名 >]）
```

作用：返回当前工作区或指定工作区数据表文件记录总数。

说明：不受删除标记的影响。

例如：若当前表中有 5 条记录，则"? RECCOUNT（）"返回 5。

## 12. 条件测试函数

格式如下：

```
IIF（< 逻辑表达式 >, < 表达式 1>, < 表达式 2>）
```

作用：根据 < 逻辑表达式 > 的值决定用 < 表达式 1> 的值还是 < 表达式 2> 的值作为函数返回值。

说明：若 < 逻辑表达式 > 的值为 .T. 则返回 < 表达式 1> 的值；否则返回 < 表达式 2> 的值。例如：

```
?  IIF（7>8，" 正确 "，" 错误 "）
        错误
```

### 13. 测试记录删除函数

格式如下：

```
DELETE（[< 工作区号 >|< 表别名 >]）
```

作用：测试在当前工作区或指定工作区中打开的数据表文件中，记录指针所指的当前记录是否有删除标记。

说明：若有删除标记则返回 .T.；否则返回 .F.

【练一练】

　　设 X=36，Y=" 石油 "，Z=.T.。

（1）表达式 YEAR（CTOD（"05/19/2002"））的值是 _____。

（2）表达式 " 中国 "–Y 的值是 _____。

（3）表达式 SUBS（Y，3，2）的值是 _____。

（4）表达式 ROUND（123.456，2），显示结果为 _____。

（5）表达式 INT（X/100）的值是 _____。

（6）表达式 " 开发 " $ Y 的值是 _____。

（7）表达式 LEFT（"123456789"，LEN（" 数据库 "））的值是 _____。

（8）表达式 " 中国 "+Y 的值是 _____。

（9）表达式 " 油 " $ Y 的值是 _____。

（10）表达式 STUFF（Y，3，2，" 工学院 "）的值是 _____。

（11）表达式 LEN（TRIM（" 国庆 "+" 假期□□ "））的值是 _____。

（12）表达式 MOD（X，-5）的值是 _____。

（13）表达式 REPLICATE（"--"，X/6）的值是 _____。

（14）表达式 TYPE（'X+Y'）的值是 _____。

（15）表达式 TYPE（'Y'）的值是 _____。

# 2.4　运算符和表达式

运算符是用来构建表达式，用于实现某种运算功能的符号。在 Visual FoxPro 9.0 中支持五类运算符：算术运算符、字符运算符、日期时间运算符、关系运算符和逻辑运算符。而表达式则是用运算符、圆括号将常量、变量、函数等按一定规则连接起来构成的有意义的式子，它也包含 5 种表达式，下面一一介绍。

## 2.4.1　算术运算符和表达式

算术表达式就是用算术运算符连接起来的式子。首先，先来认识一下算术运算符，如

表 2-3 所示。

表 2-3　算术运算符

| 算术运算符 | 说明 |
|---|---|
| +、- | 加、减 |
| *、/ | 乘、除 |
| % | 取余（取模） |
| ** (^) | 乘方 |

提示:（1）算术运算符由高到低的运算顺序为：** (^)→ *、/ → % → +、-。

（2）支持使用圆括号，圆括号的优先级最高。

（3）% 与函数 MOD（）的算法一样。

例如:

```
? 2*3^2+2*8/4+3^2
31.00
? (2*3)^2+2*(8/4)+3^2
49.00
```

## 2.4.2　字符运算符和表达式

字符表达式就是用字符运算符连接起来的式子，字符运算符有 3 种，如表 2-4 所示。

表 2-4　字符运算符

| 字符运算符 | 说明 |
|---|---|
| + | 连接运算 |
| - | 连接运算 |
| $ | 包含于运算 |

提示:（1）＋：将前后两个式子按顺序连接起来，组成一个新的数据。-：将"-"符号前的字符串的尾部空格移到连接后的新字符串的尾部。

（2）$：基本格式，<字符串 1> $<字符串 2>，表示 <字符串 1> 是否包含于 <字符串 2> 中，包含于则为 .T.；否则为 .F.。

例如:

```
a="abcd"
b="1234"
c="ab"
? a+b
abcd 1234
? a-b
abcd1234
? a$b
.F.
? c$a, a$c
.T.   .F.
```

## 2.4.3　日期时间运算符和表达式

日期时间表达式就是用日期时间运算符连接起来的式子，它只包含 +、– 两种运算，计算格式如表 2-5 所示。

表 2-5　计算格式

| 格式 | 结果及类型 |
|---|---|
| < 日期 >+< 日期 > | 不能相加 |
| < 日期 >-< 日期 > | 两日期相隔天数 |
| < 日期 >+< 天数 > | 日期型。某日期后若干天的日期 |
| < 日期 >-< 天数 > | 日期型。某日期前若干天的日期 |
| < 日期时间 >+< 秒数 > | 日期时间型。某时间后若干秒的时间 |
| < 日期时间 >-< 秒数 > | 日期时间型。某时间前若干秒的时间 |
| < 日期时间 >+< 日期时间 > | 不能相加 |
| < 日期时间 >-< 日期时间 > | 两时间相差秒数 |

提示：（1）日期型数据 +、– 是先对天数进行操作，超过天数算月份，超过月份算年份。

（2）日期时间型数据是先对秒数计算；然后算分；最后算时。

例如：设当前日期时间为 2018.02.02 11：19：20 AM。

```
? DATE ( )-10, DATETIME ( )+5
01/23/18    02/02/18 11：19：25 AM
? DATE ( )-{^2017/12/12}
52
? DATE ( )+365
02/02/19
```

## 2.4.4　关系运算符和表达式

关系表达式是用关系运算符连接起来的式子，表 2-6 所示为关系表达式的运算符。

表 2-6　关系表达式的运算符

| 运算符 | 说明 |
|---|---|
| > | 大于 |
| < | 小于 |
| = | 等于 |
| #、<>、!= | 不等于 |
| <= | 小于等于 |
| >= | 大于等于 |
| == | 字符串精确比较 |

提示：（1）运算结果为逻辑型数据。

（2）关系运算符的优先级别一样。

（3）比较规则：比较数据类型只有字符型、数值型、日期型。数值型直接比较大小；字符型比较字符的 ASCII 码，汉字则按机内码进行比较；日期型数据按年、月、日的顺序来比较大小。

（4）==：只有两边完全一样的时候才返回 .T.。

（5）=：与 SET EXACT 的状态相关。如果等于 ON，先在较短字符串的尾部加上若干个空格，使两个字符串的长度相等，然后再进行比较；如果等于 OFF，只要右边的字符串与左边字符串的前面部分相同，即可得到逻辑真（以右面字符串为准，右面字符串结束即终止比较），默认为 SET EXACT OFF。

## 2.4.5  逻辑运算符和表达式

逻辑表达式就是用逻辑运算符连接起来的式子。逻辑运算符如表 2-7 所示。逻辑真值表如表 2-8 所示。

表 2-7  逻辑运算符

| 逻辑运算符 | 说明 |
| --- | --- |
| AND | 逻辑与 |
| OR | 逻辑或 |
| NOT | 逻辑非 |

表 2-8  逻辑真值表

| A | B | AND | OR | NOT A |
| --- | --- | --- | --- | --- |
| .T. | .T. | .T. | .T. | .F. |
| .T. | .F. | .F. | .T. | .F. |
| .F. | .T. | .F. | .T. | .T. |
| .F. | .F. | .F. | .F. | .T. |

说明：（1）AND：只有两方同时为 .T. 的时候结果才为 .T.；否则为 .F.。OR：只要一方为 .T. 结果就为 .T.；否则为 .F.。NOT：取反值。

（2）优先级别依次为 NOT、AND、OR。

例如：

```
?  12 > 2 AND "人" > "人民" OR .T. < .F.
.       F.
? ((10%3=1) AND (15%2=0)) OR "电脑"!="计算机"
.T.
```

## 2.4.6  综合表达式的运算优先级

每个表达式内都有其优先级，若综合到一起其优先级为：算术运算符→字符串运算符→日期时间运算符→关系运算符→逻辑运算符。

【练一练】

1. 设变量 a=1，c1=" 事不过三 "，c2=" 三 "。

（1）表达式 a<3.AND.c1 $ c2 结果为 _____。

（2）表达式 a<3.AND.c2 $ c1 结果为 _____。

（3）表达式 a<3.OR.c1 $ c2 的结果为 _____。

（4）表达式 a<3.OR.c2 $ c1 的结果为 _____。

2. x>1 或 x<0 的 Visual FoxPro 表达式是 _____。

3. 表达式 "World" $ "World Wide Web" 的结果为 _____。

4. 表达式 "Winword"="Win" 的结果为 _____。

5. 1960 年以前出生的教授的逻辑表达式是 _____。

6. 表达式 3+3>=6.OR. 3+3>5.AND.2+3=5 的结果为 _____。

# ‖‖‖‖‖‖‖‖‖‖‖‖‖‖‖‖‖‖‖‖‖‖ 巩固提升 ‖‖‖‖‖‖‖‖‖‖‖‖‖‖‖‖‖‖‖‖‖‖

## 一、选择题

1. 比较 WAIT、ACCEPT 和 INPUT 3 条命令，以回车键表示输入结束的命令是（　　）。

A. WAIT、ACCEPT、INPUT
B. WAIT、ACCEPT
C. ACCEPT、INPUT
D. INPUT、WAIT

2. 在下列表达式中，运算结果为字符串的是（　　）。

A. "1234"－ "43"
B. DTOC（DATE（））>"04/05/97"
C. "ABCD "+ "XYZ" = "ABCDXYZ"
D. CTOD（"04/05/97"）

3. 有如下的 IF 语句：

```
IF X>0
Y=1
ELSE
IF X=0
Y=0
ELSE
Y=-1
ENDIF
ENDIF
```

在下列命令中，与这个 IF 语句等效的是（　　）。

A. Y=IIF（X>0, 1, IIF（X=0, -1, 0））
B. Y=IIF（X=0, 0, IIF（X>0, 1, -1））
C. Y=IIF（X<0, IIF（X>0, 1, 0）, -1）
D. Y=IIF（X>0, IIF（X<0, -1, 0）, 1）

4. 顺序执行以下赋值命令 X="20" Y=10 Z=LEFT（"Computer", 3）之后，下列表达式（　　）是合法的。

A. X+Y
B. Y+Z
C. X－Z+Y
D. &X+Y

5.有如下赋值语句，结果为"河北科技师范学院"的表达式是（　　　）。

a=" 首都师范学院 "

b=" 河北科技大学 "

A.b+AT（a，4）
B.LEFT（b，4）+RIGHT（a，4）

C.RIGHT（b，4）+ LEFT（a，4）
D.LEFT（b，8）+RIGHT（a，8）

6.在 Visual FoxPro 9.0 中，下列表达式结果为数值型的是（　　　）。

A.20+3=23
B.AT（" 对口 "，" 河北对口升学 "）

C.CTOD（"09/10/99"）−20
D."123"−"23"

7.在 Visual FoxPro 9.0 中，下列表达式中不正确的是（　　　）。

A.DATE（）+100
B.DATE（）−CTOD（"04−24−2010"）

C.DATE（）−100
D.DATE（）+CTOD（"04−24−2010"）

8.在 Visual FoxPro 中，运算结果是"Test"的表达式为（　　　）。

A.LEFT（"YourTest"，ASC（"F"）−ASC（"A"））

B.RIGHT（"YourTest"，AT（"Test"，"YourTest"））

C.SUBSTR（"Your"+UPPER（"test"），5，4）

D.SUBSTR（"YourTest"，AT（"Test"，"YourTest"），4）

9.在下列关于 Visual FoxPro 变量的叙述中，正确的是（　　　）。

A.使用一个简单变量之前要先声明

B.在 Visual FoxPro 中，变量分为字段变量和内存变量

C.如果内存变量名与当前数据表中的字段变量名相同，则内存变量优先被使用

D.不能将不同类型的数据赋给同一个变量

10.在 Visual FoxPro 中，下列表达式中运算结果为"good"的是（　　　）。

A.SUBSTR（"mygoodfriend"，AT（"good"，"mygoodfriend"））

B.SUBSTR（"mygoodfriend"，2，4）

C.RIGHT（LEFT（"mygoodfriend"，6），4）

D.LEFT（RIGHT（"mygoodfriend"，AT（"good"，"mygoodfriend"）），4）

11.在 Visual FoxPro 中，如果表中的某个字段存放的是图片，需要将该字段设置为下面（　　　）。

A.备注型
B.通用型
C.字符型
D.双精度型

12.在 Visual FoxPro 中，执行以下命令后显示的结果是（　　　）。

```
N="210.28"
? 90+&N
```

A.90+&N
B.90210.28
C.300.28
D.出错信息

13.在 Visual FoxPro 中，? TYPE（"10/01/88"）的输出结果为（　　　）。

A.N
B.C
C.D
D.U

14.在 Visual FoxPro 中，执行以下命令后显示的结果是（　　　）。

```
? "TE"$"TEST"AND INT（3.6）=3 AND"TEST"=="TEST"
```

A..T.
B..F.
C.0
D.1

15. 在 Visual FoxPro 中，以下表达式正确的是（　　　）。

A. {^2008−05−01 10：10：10 AM}−10

B. {^2008−05−01}+DATE（）

C. AT（"ABC"，"智能 ABC"）$"微软拼音"

D. "123"+SPACE（3）+VAL（"456"）

## 二、填空题

1. 已打开的数表库文件和内存变量都有变量名"工资"，为将当前记录的"工资"字段值存入内存变量"工资"中，应使用的命令是＿＿＿＿＿＿。

2. 在 Visual FoxPro 中，设 XYZ="12A31"，函数 MOD（VAL（XYZ），8）的值是＿＿＿＿＿＿。

3. 在 Visual FoxPro 中，设 X="11"，Y="1122"，则表达式：NOT（X==Y）AND（X $Y）OR（X ◇ Y）的值为＿＿＿＿＿＿。

4. 在 Visual FoxPro 中，? IIF（LEN（RTRIM（"my" − "book"））>6，1，−1）的输出结果是＿＿＿＿＿＿。

5. 在 Visual FoxPro 中，用命令 DIMENSION X（2，5）定义了一个数组 X，则该数组中数组元素个数是＿＿＿＿＿＿。

6. 在 Visual FoxPro 中，? IIF（VAL（"COM123"）>0，AT（"COMPUTER"，"PUT"），REPLICATE（"COM"，2））的输出结果为＿＿＿＿＿＿。

7. 在 Visual FoxPro 中，执行命令 A=2006/10/22 之后，内存变量 A 的数据类型是＿＿＿＿＿＿。

## 三、判断题

1. 在同一个程序中，如果定义了一个数组 A，然后再用 Erase 命令清除，那么在这个程序中还可以再定义这样一个以 A 为名字的数组。（　　　）

2. 在 Visual FoxPro 中，M=N=5 命令的作用是将 5 赋给内存变量 M 和 N。（　　　）

3. 在 Visual FoxPro 中，定义一个 4 行 6 列的数组 ARRSUM，使用的命令是：DIMENSION ARRSUM（4，6）。（　　　）

4. 在 Visual FoxPro 中，选择当前未使用的最小编号工作区的命令是 SELECT 0。（　　　）

# 项目 3

## 数据库和表的操作

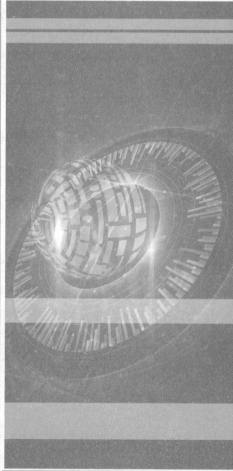

- ■数据库的创建和使用
- ■表的基本操作
- ■索引记录
- ■设置字段属性
- ■多表操作

学习目标 ⇨ 1. 能够描述创建数据库的方法，学会创建和使用数据库。
2. 能够描述数据表的建立方法，并能根据给出的具体任务利用各种方法建立完整的表文件。
3. 理解数据表的打开、关闭方法，能对数据表进行正确的打开、关闭等操作。
4. 能够比较指针的定位方法的不同，在数据表中能快速定位到指定记录。
5. 会编辑修改记录并对记录进行删除与恢复。
6. 解释索引的概念，并利用索引进行查询。
7. 会设置字段的属性及有效性规则。
8. 会选择工作区及多表之间的操作。

# 3.1　数据库的创建和使用

　　使用 Visual FoxPro 9.0 创建学生管理系统对学生信息进行管理，可以通过创建项目文件、数据库及数据表等步骤来完成。例如，在"学生管理"项目文件中创建"学生"数据库。

## 3.1.1　数据库的创建

### 1. 使用项目管理器创建数据库

　　（1）选择"文件"→"打开"选项，打开项目文件"学生管理"，如图 3-1 所示。
　　（2）在"学生管理"项目窗口中，选择"数据"选项卡中的"数据库"选项，单击"新建"按钮，打开"新建数据库"对话框，如图 3-2 所示。

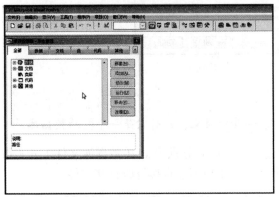

图 3-1　打开项目文件"学生管理"　　　　　　图 3-2　"新建数据库"对话框

　　（3）单击"新建数据库"图标，出现如图 3-3 所示的"创建"对话框。
　　（4）选择文件的保存位置，并输入数据库名称"学生"，单击"保存"按钮，出现"数据库设计器"窗口及"数据库设计器"工具栏。关闭"数据库设计器"窗口，"学生"数据库已创建好，数据库文件的扩展名为 .dbc。该数据库文件显示在"项目管理器"窗口中，如图 3-4 所示。

图 3-3 "创建"对话框

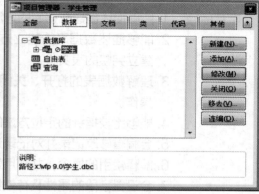

图 3-4 "项目管理器"窗口

## 2. 使用命令创建数据库

命令格式如下：

```
CREATE   DATABASE   学生
```

## 3. 使用数据库向导创建数据库

使用数据库向导创建数据库，如图 3-5 所示。

图 3-5 "数据库"向导对话框

【提示】

在创建的"学生"数据库中还没添加任何表和其他对象，此时它是一个空的数据库。

Visual FoxPro 9.0 在建立数据库时，实际上建立了扩展名分别为 .dbc（数据库文件）、.dct（数据库备注文件）和 .dcx（数据库索引文件）3 个文件，用户不能直接修改这些文件。

## 3.1.2 数据库的使用

在数据库中创建表或使用数据库中的表时，都必须先打开数据库。

## 1. 打开数据库

（1）使用项目管理器打开数据库。

打开"学生管理"项目文件，在项目管理器中选择要打开的数据库。

（2）使用命令方式打开数据库。

命令格式如下：

```
OPEN  DATABASE  [<数据库文件名>] [EXCLUSIVE|SHARED]
```

各选项的含义如下。

①数据库文件名：指要打开的数据库名，其扩展名 .dbc 可以省略。

② EXCLUSIVE：指数据库以独占方式打开，不允许其他用户同时使用该数据库。

③ SHARED：指数据库以共享方式打开，允许其他用户同时使用该数据库。

【提示】

　　在 Visual FoxPro 9.0 中，可以同时打开多个数据库，在"常用"工具栏中的数据库下拉列表中可以选择当前的数据库。

## 2. 设定当前数据库

（1）使用工具栏设定当前数据库，如图 3-6 所示。

图 3-6　使用工具栏设定当前数据库

（2）使用命令方式设定当前数据库。

命令格式如下：

```
SET  DATABASE  TO  [<数据库文件名>]
```

## 3. 关闭数据库

（1）使用项目管理器关闭数据库。

　　如要关闭一个数据库，可在项目管理器窗口中选择要关闭的数据库，然后单击"关闭"按钮。例如，要关闭数据库"数据 3"，先在项目管理器中选择数据库"数据 3"，如图 3-7 所示，然后单击"关闭"按钮，此时已经关闭数据库"数据 3"，如图 3-8 所示。

图 3-7　选择数据库"数据 3"

图 3-8　关闭数据库"数据 3"

（2）使用命令方式关闭数据库。

　　例如，关闭"教师"数据库，在命令窗口中输入：

```
SET   DATABASE   TO   教师        && 选择 " 教师 " 数据库
CLOSE   DATABASE              && 关闭数据库
```

### 4. 修改数据库

（1）使用项目管理器修改数据库。

在项目管理器中选中要修改的数据库，单击"修改"按钮。

（2）使用命令修改数据库。

命令格式如下：

```
MODIFY   DATABASE   [< 数据库文件名 >]
```

### 5. 删除数据库

（1）使用项目管理器删除数据库。

在项目管理器中选中要删除的数据库，单击"移去"按钮。

（2）使用命令方式删除数据库。

命令格式如下：

```
DELETE   DATABASE   [< 数据库名 >]|? [DELETETABLES][RECYCLE]
```

功能：从磁盘上删除指定的数据库文件。

【提示】

　　DELETETABLES：删除数据库文件的同时删除该数据库所包含的所有数据库表。若省略该选项，仅删除指定数据库，数据库表成为自由表。

　　RECYCLE：将数据库文件和数据表文件放入回收站，以便需要时还原它们。

【练一练】

　　在"学生管理"项目管理器中创建"tushu"数据库。

# 3.2　表的基本操作

　　数据表的扩展名是 .dbf，如果表中有备注型或通用型字段，则会产生一个文件名和表名相同而扩展名为 .fpt 的备注文件。数据表分为数据库表和自由表两种，数据库表是数据库中的表文件，是数据库的主要组成部分；而自由表是独立于数据库之外的表文件。

## 3.2.1　建立数据表

　　数据表由表结构和记录内容两部分组成。所以创建表分两步进行：第一步建立表结构，即确定表的字段名、字段类型、字段宽度、小数位数、索引、NULL 等属性；第二步根据字段属性输入相应记录。

### 1. 建立表结构（图 3-9）

　　建立表结构有两种途径：一是通过菜单创建；二是通过项目管理器创建。

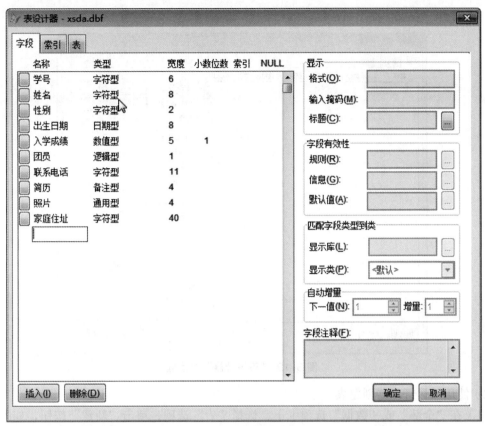

图 3-9　数据表结构

1）使用菜单创建表

（1）选择"文件"→"新建"选项，如图 3-10 所示。

（2）在"新建"对话框中，选中"表"单选按钮，单击"新建文件"图标，如图 3-11 所示。

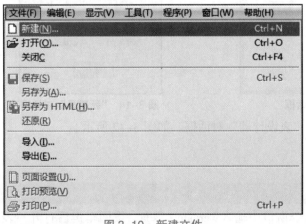

图 3-10　新建文件

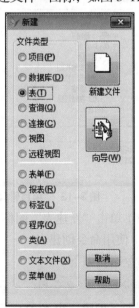

图 3-11　"新建"对话框

（3）打开"表设计器"对话框，如图 3-12 所示。

图 3-12 "表设计器"对话框

2）使用项目管理器创建表

（1）在"全部"或"数据"选项卡下，选择"表"选项，单击"新建"按钮，如图 3-13 所示。

（2）打开"新建表"对话框，如图 3-14 所示。

图 3-13 "项目管理器"对话框

图 3-14 "新建表"对话框

（3）单击"新建表"图标，打开"表设计器"对话框，如图 3-12 所示。

3）使用命令创建表

命令格式如下：

```
CREATE    [<表名>]
```

例如，创建一个 XSDA 表，在命令窗口中输入：create xsda，按回车键后打开"表设计器"对话框，如图 3-12 所示。

4）使用表向导创建表

使用菜单与项目管理器创建表时单击"向导"按钮，打开"表向导"对话框，如图 3-15
所示。

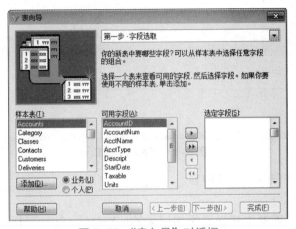

图 3-15　"表向导"对话框

表结构创建

用以上任意一种方式打开"表设计器"对话框后，在"表设计器"对话框中创建表结构
（输入字段名、类型、宽度、小数位数、索引、空值），然后单击"确定"按钮。

【提示】

（1）Visual FoxPro 9.0 中的表分为"数据库表"和"自由表"。

（2）"数据库表"是指属于某一数据库的表；"自由表"是指不属于任何数据库而独立
存在的表。"数据库表"和"自由表"的操作基本相同且可以相互转换。

## 2. 输入记录内容

1）使用菜单输入记录内容

（1）在项目管理器中单击"浏览"按钮，出现如图 3-16 所示的"浏览"窗口或如图 3-17
所示的"编辑"窗口。

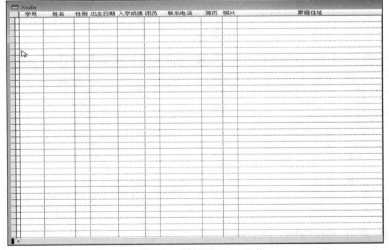

图 3-16　"浏览"窗口

图 3-17 "编辑"窗口

（2）在 XSDA.dbf 表中输入记录内容。

具体操作步骤如下。

【步骤 1】在项目管理器中选择要添加记录的"XSDA"表，单击"浏览"按钮，再选择"显示"→"追加方式"选项，如图 3-18 所示。

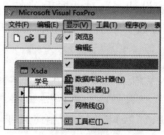

图 3-18 "显示"菜单

【步骤 2】将鼠标光标定位在"学号"字段处，并输入数据，如输入"201501"。如果输入数据的宽度与该字段的宽度相等，则输入后鼠标光标会自动跳到下一个字段；否则需按回车键，鼠标光标才能移到下一个字段。对于暂时不需要输入数据的字段，可以直接按回车键跳过该字段。依次输入各条记录的内容，当一条记录的最后一个字段输入结束后，鼠标光标自动移到下一个记录的第一个字段处，可以继续输入数据。

输完的"浏览"记录窗口，如图 3-19 所示。

| | 学号 | 姓名 | 性别 | 出生日期 | 入学成绩 | 团员 | 联系电话 | 简历 | 照片 | 家庭住址 |
|---|---|---|---|---|---|---|---|---|---|---|
| | 201501 | 王跃 | 男 | 01/20/00 | 444.0 | T | 13831075145 | memo | gen | 保定市涿州市刁窝乡 |
| | 201502 | 李思瑶 | 女 | 09/17/00 | 460.0 | F | 15097752445 | memo | gen | 保定市涿州市松林店镇 |
| | 201503 | 史工其 | 女 | 11/12/00 | 469.0 | F | 13930266654 | memo | gen | 保定市涿州市孙庄乡 |
| | 201504 | 王奥 | 男 | 11/19/99 | 490.0 | F | 18730233625 | memo | gen | 保定市涿州市义和庄乡 |
| | 201505 | 李硕 | 男 | 03/09/99 | 495.0 | F | 13934454487 | memo | gen | 保定市涿州市松林店镇 |
| | 201506 | 汤明亮 | 男 | 10/01/99 | 484.0 | F | 15130299845 | memo | gen | 保定市涿州市刁窝乡 |
| | 201507 | 张寒 | 男 | 01/07/00 | 451.0 | F | 18732266417 | memo | gen | 保定市涿州市百尺杆镇 |
| | 201508 | 龚玉莹 | 女 | 06/04/97 | 487.0 | T | 15830922541 | memo | gen | 保定市涿州市松林店 |
| | 201509 | 张芳昭 | 男 | 01/21/98 | 468.0 | F | 17703233524 | memo | gen | 保定市涿州市开发区 |
| ▶ | 201510 | 高子欣 | 女 | 01/21/99 | 481.0 | T | 15930237745 | memo | gen | 保定市涿州市凌云小区 |

图 3-19 "浏览"记录窗口

2）使用命令输入记录内容

（1）使用 APPEND 命令追加记录。

命令格式如下：

```
APPEND [BLANK] [FROM <表名>] [FOR <条件>] [范围] [FIELDS <字段名>]
```

【提示】

（1）APPEND 命令打开编辑记录窗口，追加记录。

（2）APPEND BLANK 不进入全屏幕编辑界面，直接在文件尾部追加一条空白记录。

（3）APPEND FROM <表名 1> [FOR <条件>] [范围] [FIELDS <字段名>]：从 <表名> 里选择符合条件的记录追加到当前表中，纵向连接两表中的记录。省略条件和范围的时候默认为所有记录。

例如，把 A 表中所有记录追加到 B 表中（前提条件是 A、B 两个表的表结构是相同的）。

```
APPEND  FROM  A
```

（2）使用 INSERT 命令插入记录。

命令格式如下：

```
INSERT [BLANK] [BEFORE]
```

【提示】

（1）INSERT 命令可以在表的任意位置添加记录，在当前记录后面进入全屏幕编辑界面插入记录。

（2）INSERT BLANK 不进入全屏幕编辑界面，直接在当前记录后面插入一条空白记录。

（3）BEFORE 是指在当前记录前面插入记录。

使用 INSERT 命令相较于 APPEND 命令来说位置更加随意。请同学们根据实际情况使用。

（3）使用浏览 / 修改记录。

①使用菜单：单击"显示"→"浏览" / "编辑"按钮。

②使用命令：BROWSE/EDIT。

（4）显示表记录。

除了用菜单命令显示表记录外，还可以通过命令设置条件，有选择地显示表中的记录。

命令 1：连续滚动显示 LIST 命令。

格式如下：

```
LIST [OFF] [<范围>][FOR <条件>][WHILE<条件>][FIELDS <表达式表>]
[TO PRINTER [PROMPT]]/TO <文件名>
```

命令 2：分屏显示 DISPLAY 命令。

格式如下：

```
DISPLAY [OFF] [<范围>][FOR <条件>][WHILE<条件>][FIELDS <表达式表>]
[TO PRINTER [PROMPT]]/TO <文件名>
```

FIELDS 子句：该子句实现对表的字段筛选。

OFF 子句：不显示记录号。如果省略了 OFF，就在每个记录前显示记录号。

TO < 文件名 > 子句：将命令的结果输出定向到 < 文件名 > 指定的文件中。

（5）两类特殊字段的输入。

①备注型：在表中以 memo 显示，当需要输入大量的内容的时候，需要用到备注型。

②通用型：在表中以 gen 显示，存储在 Windows 中的 OLE 对象。

以上两种字段可以通过双击 memo 和 gen 打开，然后输入信息，或者使用 Ctrl+PgDn 组合键。当字段中有值的时候，memo 和 gen 会变成 Memo 和 Gen，如图 3-21 所示。而在输入通用型数据的时候，如我们输入记录的话，不能直接在通用型字段的编辑窗口中输入内容，需要使用"编辑"菜单中的"插入对象"命令，如图 3-20 所示。

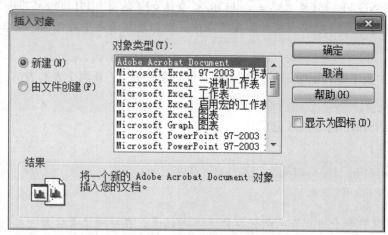

图 3-20 "插入对象"对话框

选中"由文件创建"单选按钮，选择想要插入或链接的文件，再单击"确定"按钮。

提示：gen 里面插入的除了 .bmp 文件，其他格式的图形文件都以图标的格式显示。

插入完毕之后，关闭通用型字段编辑窗口，则 gen 变为 Gen，如图 3-21 所示。

| 学号 | 学生姓名 | 性别 | 出生日期 | 入学成绩 | 团员 | 联系电话 | 简历 | 照片 | 家庭住址 |
|---|---|---|---|---|---|---|---|---|---|
| 201501 | 王跃 | 男 | 01/20/00 | 444.0 | T | 13831075145 | Memo | Gen | 保定市涿州市刁窝乡 |
| 201502 | 李思瑶 | 女 | 09/17/00 | 460.0 | F | 15097752445 | memo | gen | 保定市涿州市松林店镇 |
| 201503 | 史工其 | 男 | 11/12/00 | 469.0 | F | 13930266654 | memo | gen | 保定市涿州市孙庄乡 |
| 201504 | 王奥 | 男 | 11/19/99 | 490.0 | T | 18730233625 | memo | gen | 保定市涿州市义和庄乡 |
| 201505 | 李硕 | 男 | 03/09/99 | 495.0 | T | 13934454487 | memo | gen | 保定市涿州市松林店镇 |
| 201506 | 汤明亮 | 男 | 10/01/99 | 484.0 | F | 15130299845 | memo | gen | 保定市涿州市刁窝乡 |
| 201507 | 张寒 | 男 | 01/07/00 | 451.0 | F | 18732266417 | memo | gen | 保定市涿州市百尺杆镇 |
| 201508 | 龚玉莹 | 女 | 06/04/97 | 487.0 | T | 15830922541 | memo | gen | 保定市涿州市松林店 |
| 201509 | 张芳晗 | 男 | 01/21/98 | 468.0 | F | 17703233524 | memo | gen | 保定市涿州市开发区 |
| 201510 | 高子欣 | 女 | 01/21/99 | 481.0 | T | 15930237745 | memo | gen | 保定市涿州市凌云小区 |

图 3-21 通用型、备注型字段输入内容显示

【练一练】

最近计算机一班新转来几名同学，请同学们帮助老师把这几位同学的信息输入到我们的表中。以下是我们要输入的信息，相关表如图 3-22 所示。

201511 陈明茹 女 02/22/99 475 F 13473225547 保定市定兴县北田乡

201512 马艺珊 女 12/11/99 453 T 15303125241 涿州市名流小区

| 学号 | 姓名 | 性别 | 出生日期 | 入学成绩 | 团员 | 联系电话 | 简历 | 照片 | 家庭住址 |
|---|---|---|---|---|---|---|---|---|---|
| 201501 | 王跃 | 男 | 01/20/00 | 444.0 | T | 13831075145 | memo | gen | 保定市涿州市刁窝乡 |
| 201502 | 李思瑶 | 女 | 09/17/00 | 460.0 | F | 15097752445 | memo | gen | 保定市涿州市松林店镇 |
| 201503 | 史工其 | 女 | 11/12/00 | 469.0 | T | 13930266654 | memo | gen | 保定市涿州市孙庄乡 |
| 201504 | 王曌 | 男 | 11/19/99 | 490.0 | F | 18730233625 | memo | gen | 保定市涿州市义和庄乡 |
| 201505 | 李硕 | 男 | 03/09/99 | 495.0 | T | 13934454487 | memo | gen | 保定市涿州市松林店镇 |
| 201506 | 汤明亮 | 男 | 10/01/99 | 484.0 | T | 15130299845 | memo | gen | 保定市涿州市刁窝乡 |
| 201507 | 张寒 | 男 | 01/07/00 | 451.0 | F | 18732266417 | memo | gen | 保定市涿州市百尺杆镇 |
| 201508 | 龚玉莹 | 女 | 06/04/97 | 487.0 | T | 15830922541 | memo | gen | 保定市涿州市松林店 |
| 201509 | 张芳略 | 男 | 01/21/98 | 468.0 | F | 17703233524 | memo | gen | 保定市涿州市开发区 |
| 201510 | 高子欣 | 女 | 01/21/99 | 481.0 | T | 15930237745 | memo | gen | 保定市涿州市凌云小区 |

图 3-22　"XSDA"表文件

## 3.2.2　表的打开与关闭

### 1. 表的打开

（1）通过菜单命令或工具按钮打开表。

单击"文件"→"打开"按钮，选择要打开的表，单击"确定"按钮。

（2）使用命令打开表。

命令格式如下：

```
USE  <表文件名>
```

### 2. 表的关闭

（1）通过菜单命令关闭表。

选择"窗口"→"数据工作期"选项，如图 3-23 所示，选择要关闭的表文件，单击"关闭"按钮。

图 3-23　"数据工作期"选项

（2）使用命令关闭表。

命令格式 1 如下：

```
USE
```

功能：关闭当前打开的表文件。

命令格式 2 如下：

```
CLOSE  ALL
```

功能：关闭所有文件，且不释放内存变量。

命令格式 3 如下：

```
CLOSE  <文件类型>
```

功能：关闭指定类型的文件。

命令格式 4 如下：

```
CLEAR  ALL
```

功能：关闭所有文件，且释放内存变量。

### 3.2.3 显示和修改表结构

#### 1. 显示表结构

（1）通过项目管理器显示表结构。

打开"学生管理"项目管理器，选中"XSDA"表文件，单击"修改"按钮，出现如图 3-9 所示的窗口，此时显示"XSDA"表结构。

（2）使用菜单显示表结构。

打开"学生管理"项目管理器，选中"XSDA"表文件，选择"显示"→"表设计器"选项，出现如图 3-9 所示的窗口。此时显示"XSDA"表结构。

（3）使用命令显示表结构。

命令格式如下：

```
LIST/DISPLAY STRUCTURE
```

#### 2. 修改表结构

（1）通过项目管理器修改表结构。

通过项目管理器，单击"修改"按钮。

（2）通过数据库设计器修改表结构。

通过数据库设计器，选择"修改"命令。

（3）使用命令修改表结构。

命令格式如下：

```
MODIFY  STRUCTURE
```

功能：修改当前表的结构。

【练一练】

在"XSCJ"表中添加平均分和总分字段，如图 3-24 所示。

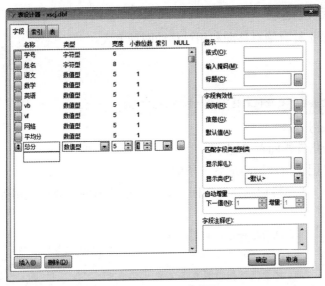

图 3-24　修改表结构

## 3.2.4　记录指针定位

在浏览表时，如果数据记录较多，利用键盘、滚动条将记录指针定位到要查看的记录比较麻烦。Visual FoxPro 9.0 提供的"转到记录"命令，可以实现记录指针的快速定位。

### 1. 通过菜单方式定位记录

表在"浏览"状态，选择"表"→"转到记录"选项，弹出子菜单，如图 3-25 所示。

其中，"定位"选项的含义是指针移到符合条件的第一个记录上，选择该项时出现"定位记录"对话框，如图 3-26 所示，其中有以下 4 种选择。

All：表示全部记录。

Next：表示从当前记录开始往下的 $N$ 条记录（包括当前记录），记录个数 $N$ 由右边方框的数字来决定。

Record：表示指定的一条记录。

Rest：表示从当前记录开始到文件末尾的所有记录（包括当前记录）。

设置完，单击"定位"按钮，系统立即查找符合条件的第一条记录并把记录指针移到该记录上，可以用 DISPLAY 命令显示该记录。

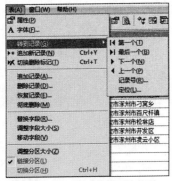

图 3-25　"转到记录"菜单

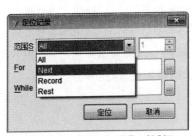

图 3-26　"定位记录"对话框

## 2. 通过命令方式定位记录

用命令移动记录指针有绝对移动和相对移动两种方式。

1）绝对移动

命令格式如下：

```
GO|GOTO  [RECORD] <数值表达式> |TOP|BOTTOM
```

RECORD：记录号。

TOP：指将记录指针指向首条记录。

BOTTOM：指将记录指针指向最后一条记录。

<数值表达式>：表示将记录指针指向与数值表达式值的整数部分相等的记录号上。

例如：

```
GO BOTTOM          && 记录指针指向末记录
DISPLAY            && 显示当前记录
GOTO 5             && 记录指针指向第 5 条记录
DISPLAY            && 显示当前记录
```

显示结果如图 3-27 所示。

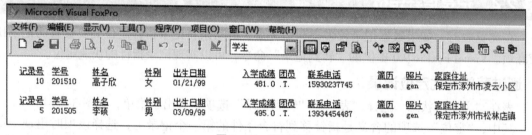

图 3-27　显示结果

2）相对移动

命令格式如下：

```
SKIP [<数值表达式>]
```

将记录指针从当前位置往上或往下移动。先计算 <数值表达式> 的值，取其整数，如该整数为正数，表示将指针下移整数条记录；如该整数为负数，表示将指针上移整数条记录。如果省略该项，则指针下移一条记录。例如：

```
GO TOP             && 记录指针指向首记录
DISPLAY            && 显示当前记录
SKIP 7             && 记录指针下移 7 条记录，指向第 8 条记录
DISPLAY            && 显示当前记录
SKIP -3            && 记录指针上移 3 条记录，指向第 5 条记录
DISPLAY            && 显示当前记录
```

显示结果如图 3-28 所示。

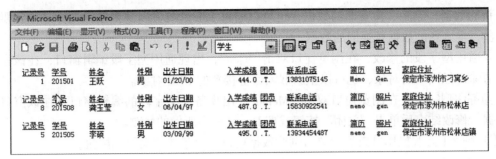

图 3-28 显示结果

3）条件定位

（1）通过菜单方式定位。

单击"表"→"转到记录"→"定位"按钮。

（2）通过命令方式定位。

使用 LOCATE 命令，可以在表中顺序检索满足条件的记录。

命令格式如下：

LOCATE [< 范围 >] FOR < 条件 > | [WHILE < 条件 >]

CONTINUE　　&& 在 LOCATE 后使用，顺序查找给定范围内满足条件的下一条记录。

【提示】

（1）该命令在当前表中查找满足条件的第一条记录，省略 < 范围 > 选项，默认为 All。

（2）FOR < 条件 > 和 WHILE < 条件 > 子句。

①FOR< 条件 >：在指定的范围内，按条件逐个检查所有记录，直到该范围内的最后一条记录为止。

②WHILE < 条件 >：在指定的范围内，按条件逐个检查所有记录，一旦遇到第一个不满足条件的记录（即逻辑表达式 < 条件 > 计算结果为 .F.）时，就停止查找并结束该命令的执行。

【练一练】

在定位记录时，其作用范围有 4 种选择，ALL 表示（　　），NEXT 表示（　　），RECORD 表示（　　），REST 表示（　　）。

## 3.2.5　编辑修改记录

### 1. 逐条修改记录

修改记录时，可以通过"浏览"记录窗口来进行。

具体操作步骤如下。

【步骤 1】打开如图 3-22 所示的"浏览"记录窗口。

【步骤 2】修改字段值。对于字符型、数值型、逻辑型、日期型等字段，可以进行如下操作。

①插入新数据：单击要插入数据的字段，用左、右方向键移动插入点至适当的位置，输入新数据。

②修改数据：将插入点置于要修改的字段中，或者用鼠标拖动的方式选定要修改的数据，

输入新的数据，删除、覆盖旧的数据；也可以通过 Tab 键或方向键将鼠标光标定位到要修改的字段，输入新的数据替换旧的数据。

③通用型字段的修改：在浏览窗口双击"Gen"，出现通用型字段编辑窗口，在该窗口中可以清除已经插入的对象，也可以重新嵌入或链接新的 OLE 对象。

④备注型字段：在浏览窗口双击"Memo"，出现备注型字段的编辑窗口，在该窗口中修改数据。修改结束后单击"关闭"按钮或按 Esc 键放弃所做的修改。

【步骤 3】修改操作结束后，单击浏览数据窗口右上角的"关闭"按钮。

## 2. 成批修改记录

除了在"浏览"或"编辑"窗口逐条修改记录外，还可以成批修改记录。例如，在"XSCJ"表中，计算所有记录的总分，并将计算结果填入总分字段。

（1）通过菜单方式成批修改记录。

在"浏览"记录窗口，选择"表"→"替换字段"选项，如图 3-29 和图 3-30 所示；单击"替换"按钮，系统自动对全部记录的平均分字段值进行替换操作，结果显示如图 3-31 所示。

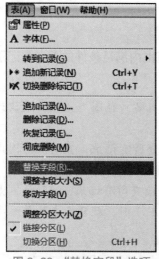

图 3-29 "替换字段"选项

图 3-30 "替换字段"对话框

| 学号 | 姓名 | 语文 | 数学 | 英语 | Vb | Vf | 网络 | 平均分 | 总分 |
|------|------|------|------|------|------|------|------|--------|------|
| 201501 | 王跃 | 89.0 | 90.0 | 82.0 | 79.0 | 81.0 | 91.0 | 85.3 | |
| 201502 | 李思瑶 | 78.0 | 86.0 | 87.0 | 92.0 | 94.0 | 86.0 | 87.2 | |
| 201503 | 史工其 | 95.0 | 93.0 | 78.0 | 69.0 | 79.0 | 81.0 | 82.5 | |
| 201504 | 王奥 | 88.0 | 89.0 | 92.0 | 97.0 | 94.0 | 85.0 | 90.8 | |
| 201505 | 李硕 | 90.0 | 86.0 | 78.0 | 92.0 | 94.0 | 95.0 | 89.2 | |
| 201506 | 汤明亮 | 85.0 | 82.0 | 76.0 | 92.0 | 84.0 | 93.0 | 85.3 | |
| 201507 | 张寒 | 94.0 | 93.0 | 68.0 | 92.0 | 94.0 | 93.0 | 89.0 | |
| 201508 | 恭玉莹 | 91.0 | 96.0 | 83.0 | 94.0 | 89.0 | 69.0 | 87.0 | |
| 201509 | 张芳略 | 91.0 | 95.0 | 96.0 | 91.0 | 89.0 | 92.0 | 92.3 | |
| 201510 | 高子欣 | 94.0 | 93.0 | 90.0 | 85.0 | 78.0 | 90.0 | 88.3 | |

图 3-31 替换"平均分"字段

（2）通过命令方式成批修改记录。

命令格式如下：

REPLACE [<范围>]<字段名1> WITH <表达式1>[ ，<字段名2> WITH <表达式2>]…][FOR | WHILE< 条件 >]

【提示】

在指定范围内，满足条件的记录，用 < 表达式 1> 的值来代替 < 字段名 1> 中的数据，用 < 表达式 2> 的值来代替 < 字段名 2> 中的数据，依此类推。

例如，用命令方式填充总分字段。

在命令窗口输入以下命令，然后按回车键，结果如图 3-32 所示。

REPLACE ALL 总分 WITH 语文 + 数学 + 英语 +VB+VF+ 网络

| 学号 | 姓名 | 语文 | 数学 | 英语 | Vb | Vf | 网络 | 平均分 | 总分 |
|------|------|------|------|------|------|------|------|--------|------|
| 201501 | 王跃 | 89.0 | 90.0 | 82.0 | 79.0 | 81.0 | 91.0 | 85.3 | 512.0 |
| 201502 | 李思瑶 | 78.0 | 86.0 | 87.0 | 92.0 | 94.0 | 86.0 | 87.2 | 523.0 |
| 201503 | 史工其 | 95.0 | 93.0 | 78.0 | 69.0 | 79.0 | 81.0 | 82.5 | 495.0 |
| 201504 | 王奥 | 88.0 | 89.0 | 92.0 | 97.0 | 89.0 | 90.8 | 545.0 |
| 201505 | 李硕 | 90.0 | 86.0 | 78.0 | 92.0 | 94.0 | 95.0 | 89.2 | 535.0 |
| 201506 | 汤明亮 | 85.0 | 82.0 | 76.0 | 92.0 | 84.0 | 93.0 | 85.3 | 512.0 |
| 201507 | 张寒 | 94.0 | 93.0 | 68.0 | 91.0 | 94.0 | 93.0 | 89.0 | 534.0 |
| 201508 | 恭玉莹 | 91.0 | 96.0 | 83.0 | 94.0 | 89.0 | 69.0 | 87.0 | 522.0 |
| 201509 | 张芳略 | 91.0 | 95.0 | 96.0 | 91.0 | 89.0 | 92.0 | 92.3 | 554.0 |
| 201510 | 高子欣 | 94.0 | 93.0 | 90.0 | 85.0 | 78.0 | 90.0 | 88.3 | 530.0 |

图 3-32 替换"总分"字段

## 3.2.6 记录的删除与恢复

如果表中存在不需要的记录，可以利用 Visual FoxPro 9.0 提供的删除记录功能予以删除。Visual FoxPro 9.0 中提供了逻辑删除和物理删除两种方式。逻辑删除是为了防止误删除操作，只在要删除的记录前做一个黑色标记，加删除标记的记录虽然不参与一些操作，但仍存储在表内，需要时还可将该部分记录恢复。物理删除是将记录真正地删除掉，表中不再保留这些记录，且无法恢复。

### 1. 逻辑删除记录

（1）通过"浏览窗口"方式逻辑删除记录。

在浏览状态下单击该记录左边的空白方框，加删除标记。例如，逻辑删除第 3 条记录，结果如图 3-33 所示。

| Xscj | | | | | | | | | |
|---|---|---|---|---|---|---|---|---|---|
| 学号 | 姓名 | 语文 | 数学 | 英语 | Vb | Vf | 网络 | 平均分 | 总分 |
| 201501 | 王跃 | 89.0 | 90.0 | 82.0 | 79.0 | 81.0 | 91.0 | 85.3 | 512.0 |
| 201502 | 李思瑶 | 78.0 | 86.0 | 87.0 | 92.0 | 94.0 | 86.0 | 87.2 | 523.0 |
| 201503 | 史工其 | 95.0 | 93.0 | 78.0 | 69.0 | 79.0 | 81.0 | 82.5 | 495.0 |
| 201504 | 王奥 | 88.0 | 89.0 | 92.0 | 97.0 | 94.0 | 85.0 | 90.8 | 545.0 |
| 201505 | 李硕 | 90.0 | 86.0 | 78.0 | 92.0 | 94.0 | 95.0 | 89.2 | 535.0 |
| 201506 | 汤明亮 | 85.0 | 82.0 | 76.0 | 92.0 | 84.0 | 93.0 | 85.3 | 512.0 |
| 201507 | 张寒 | 94.0 | 93.0 | 68.0 | 92.0 | 94.0 | 93.0 | 89.0 | 534.0 |
| 201508 | 恭玉莹 | 91.0 | 96.0 | 83.0 | 94.0 | 89.0 | 69.0 | 87.0 | 522.0 |
| 201509 | 张芳略 | 91.0 | 95.0 | 96.0 | 91.0 | 89.0 | 92.0 | 92.3 | 554.0 |
| 201510 | 高子欣 | 94.0 | 93.0 | 90.0 | 85.0 | 78.0 | 90.0 | 88.3 | 530.0 |

图 3-33　逻辑删除第 3 条记录

（2）通过菜单方式逻辑删除记录。

选择"表"→"删除记录"选项，如图 3-34 所示，如要逻辑删除平均分小于 85 分的所有记录，在"删除"对话框中输入范围和条件，如图 3-35 所示，单击"删除"按钮，结果显示如图 3-33 所示。

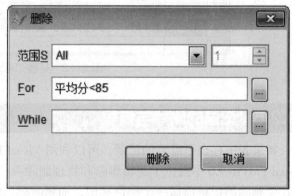

图 3-34　"删除记录"选项　　　　　图 3-35　"删除"对话框

（3）通过命令方式删除记录。

命令格式如下：

```
DELETE   [<范围>]   [FOR | WHILE<条件>]
```

功能：对当前表文件中指定范围内满足条件的记录，加删除标记，如果省略<范围>和<条件>选项，则删除的是当前记录。

例如，上例删除记录操作对应的命令如下：

```
DELETE   ALL   FOR   平均分<85
```

## 2. 恢复逻辑删除的记录

（1）通过菜单方式恢复删除的记录。

选择"表"→"恢复记录"选项

（2）通过命令方式恢复删除的记录。

命令格式如下：

```
RECALL  [<范围>]  [FOR | WHILE<条件>]
```

功能：对当前表文件中指定范围内满足条件并已加删除标记的记录进行恢复。

## 3. 物理删除记录

（1）通过菜单方式物理删除记录。

在逻辑删除的基础上，选择"表"→"彻底删除"选项。

（2）通过命令方式物理删除记录。

命令格式如下：

```
PACK
```

功能：把当前表文件中带有删除标记的记录从磁盘上真正删除掉。

## 4. 物理删除表中全部记录

命令格式如下：

```
ZAP
```

功能：将当前表文件中的所有记录进行物理删除，仅保留表结构。

【练一练】

1. 使用 DELETE、RECALL 命令操作时，省略范围选项，则对当前表的（　　）记录进行操作。

2. 要从当前表中真正删除一条记录，应先使用（　　）命令，再使用（　　）命令。

3. 逻辑删除"XSCJ"表中英语成绩小于等于80分的记录。（书写命令）

# 3.3　索引记录

## 3.3.1　排序和索引

为了高效方便地存取数据，往往要求表记录以某种顺序排放或显示，因此，Visual FoxPro 9.0 提供了两种方法重新组织数据，即排序和索引。

排序是从物理上对表进行重新整理，按照指定的关键字段来重新排列表中数据记录的顺序，并产生一个新的表文件。

索引是从逻辑上对表进行重新整理，按照指定的关键字段建立索引文件。一个表文件可以建立多个索引文件，但对于打开的表文件，任何时候只有一个索引文件起作用，此索引文件称为主控索引文件。

## 1. 排序

SORT 命令可将表中的记录进行物理排序。

命令格式如下：

```
SORT  TO <新表名>ON <属性名1>[/A/D/C], <属性名2>……
```

**【提示】**

其中，/A 是升序，是默认的；/D 是降序；/C 是不区分大小写的。

例 1：将 XSDA 表按学号进行降序排序。

```
USE  XSDA
LIST
SORT  TO  PX1  ON 学号 /D
USE  PX1
LIST
```

显示结果如图 3–36 所示。

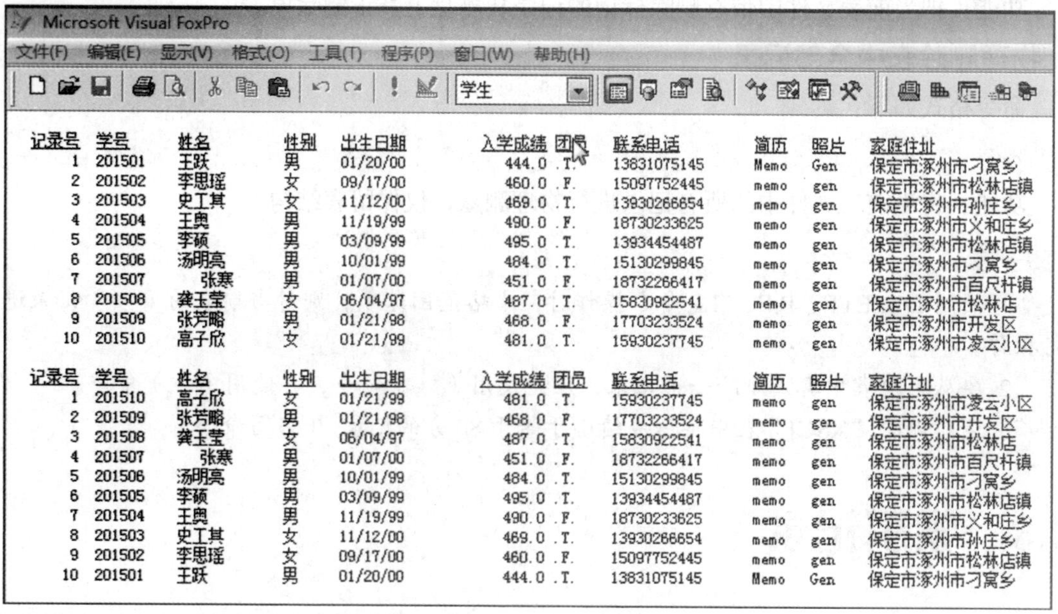


| 记录号 | 学号 | 姓名 | 性别 | 出生日期 | 入学成绩 | 团员 | 联系电话 | 简历 | 照片 | 家庭住址 |
|---|---|---|---|---|---|---|---|---|---|---|
| 1 | 201501 | 王跃 | 男 | 01/20/00 | 444.0 | .T. | 13831075145 | Memo | Gen | 保定市涿州市刁窝乡 |
| 2 | 201502 | 李思瑶 | 女 | 09/17/00 | 460.0 | .F. | 15097752445 | memo | gen | 保定市涿州市松林店镇 |
| 3 | 201503 | 史工其 | 女 | 11/12/00 | 469.0 | .T. | 13930266654 | memo | gen | 保定市涿州市孙庄乡 |
| 4 | 201504 | 王奥 | 男 | 11/19/99 | 490.0 | .F. | 18730233625 | memo | gen | 保定市涿州市义和庄乡 |
| 5 | 201505 | 李硕 | 男 | 03/09/99 | 495.0 | .T. | 13934454487 | memo | gen | 保定市涿州市松林店镇 |
| 6 | 201506 | 汤明亮 | 男 | 10/01/99 | 484.0 | .T. | 15130299845 | memo | gen | 保定市涿州市刁窝乡 |
| 7 | 201507 | 张寒 | 男 | 01/07/00 | 451.0 | .F. | 18732266417 | memo | gen | 保定市涿州市百尺杆镇 |
| 8 | 201508 | 龚玉莹 | 女 | 06/04/97 | 487.0 | .T. | 15830922541 | memo | gen | 保定市涿州市松林店 |
| 9 | 201509 | 张芳略 | 男 | 01/21/98 | 468.0 | .F. | 17703233524 | memo | gen | 保定市涿州市开发区 |
| 10 | 201510 | 高子欣 | 女 | 01/21/99 | 481.0 | .T. | 15930237745 | memo | gen | 保定市涿州市凌云小区 |

| 记录号 | 学号 | 姓名 | 性别 | 出生日期 | 入学成绩 | 团员 | 联系电话 | 简历 | 照片 | 家庭住址 |
|---|---|---|---|---|---|---|---|---|---|---|
| 1 | 201510 | 高子欣 | 女 | 01/21/99 | 481.0 | .T. | 15930237745 | memo | gen | 保定市涿州市凌云小区 |
| 2 | 201509 | 张芳略 | 男 | 01/21/98 | 468.0 | .F. | 17703233524 | memo | gen | 保定市涿州市开发区 |
| 3 | 201508 | 龚玉莹 | 女 | 06/04/97 | 487.0 | .T. | 15830922541 | memo | gen | 保定市涿州市松林店 |
| 4 | 201507 | 张寒 | 男 | 01/07/00 | 451.0 | .F. | 18732266417 | memo | gen | 保定市涿州市百尺杆镇 |
| 5 | 201506 | 汤明亮 | 男 | 10/01/99 | 484.0 | .T. | 15130299845 | memo | gen | 保定市涿州市刁窝乡 |
| 6 | 201505 | 李硕 | 男 | 03/09/99 | 495.0 | .T. | 13934454487 | memo | gen | 保定市涿州市松林店镇 |
| 7 | 201504 | 王奥 | 男 | 11/19/99 | 490.0 | .F. | 18730233625 | memo | gen | 保定市涿州市义和庄乡 |
| 8 | 201503 | 史工其 | 女 | 11/12/00 | 469.0 | .T. | 13930266654 | memo | gen | 保定市涿州市孙庄乡 |
| 9 | 201502 | 李思瑶 | 女 | 09/17/00 | 460.0 | .F. | 15097752445 | memo | gen | 保定市涿州市松林店镇 |
| 10 | 201501 | 王跃 | 男 | 01/20/00 | 444.0 | .T. | 13831075145 | Memo | Gen | 保定市涿州市刁窝乡 |

图 3–36　例 1 显示结果

例 2：将 XSCJ 表按数学成绩降序排序。

```
USE  XSCJ
SORT  TO  A  ON  数学 /D
USE  A
LIST
```

显示结果如图 3–37 所示。

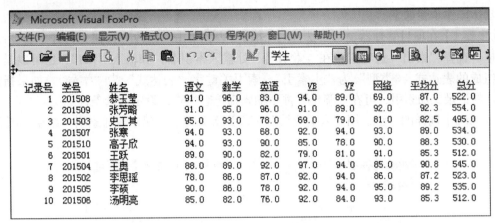

图 3-37　例 2 显示结果

【练一练】

对于 "XSCJ" 表文件，先按数学成绩降序，数学成绩相同的按英语成绩降序排序，生成 C.dbf 表文件。

SORT　TO　C　ON　数学 /D, 英语 /D

## 2. 索引

1）索引的概念

索引是指按照一定的规则对数据表中的记录进行逻辑排序，并将排序的结果形成一个索引文件。

2）索引的类型

（1）主索引。又称为主关键字，一个表中只能有一个主索引，建立索引的关键字段值不允许重复，它可确保字段中数据的唯一性，同时决定了表中记录的排列依据。

（2）候选索引。要求字段值的唯一性，不仅适用于数据库表，也适用于自由表，而且每个表可以建立多个候选索引。

（3）普通索引。允许字段有重复值，一个表中可以建立多个普通索引。

（4）二进制索引。二进制索引允许字段有重复值，一个表中允许建立多个索引。

【提示】

在 Visual FoxPro 9.0 中，自由表不能建立主索引。

3）索引文件的类型

（1）单索引文件：扩展名为 .idx，只有一个索引项。

（2）复合索引文件：扩展名为 .cdx，包含多个索引项，分为结构复合索引文件和非结构复合索引文件。

4）建立索引

（1）使用表设计器建立索引。

【例 3-1】以 "XSDA" 表中的 "学号" 字段为主关键字建立主索引，"入学成绩" 字段为次关键字建立普通索引。

具体操作步骤如下。

【步骤1】在项目管理器窗口中选择"XSDA"表，单击"修改"按钮，打开"表设计器"对话框，选择"索引"选项卡，在"索引名"处输入索引名，如输入"XH"，也可以是由字段名组成的表达式，"类型"为"主索引"，索引关键字"表达式"为"学号"。如果指定符合条件的记录参加索引，可在"筛选"框中输入筛选表达式，设定筛选条件。

【步骤2】同样的方法，用"入学成绩"字段为次关键字，建立普通索引。结果如图3-38所示。

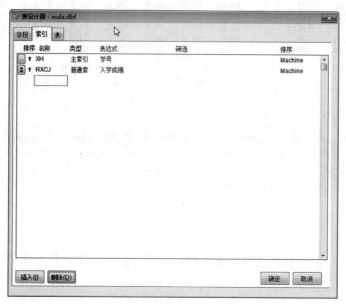

图3-38 "索引"选项卡

【步骤3】单击"确定"按钮，保存创建的索引。在"项目管理器"窗口的"xsda"表中可以看到索引标记，如图3-39所示。

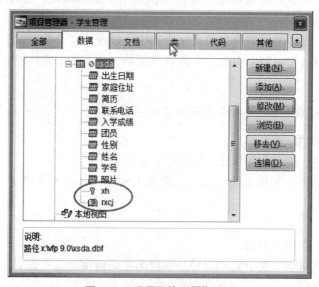

图3-39 "项目管理器"窗口

　　用表设计器建立的索引文件都是结构复合索引文件。

（2）使用命令建立索引。
①单索引文件。
命令格式如下：

```
INDEX  ON  <索引表达式>  TO  <单索引文件名>   [FOR  <条件>]
```

建立的单索引文件的扩展名为 .idx。
②结构复合索引文件。
命令格式如下：

```
INDEX  ON  <索引表达式>  TAG  <索引名>  [FOR  <条件>]
[ASCENDING |DESCENDING][UNIQUE][CANDIDATE]
```

　　结构复合索引文件与其表文件具有相同的文件名，但扩展名不同。索引表达式如果是多个关键字组合，多个字段之间用加号连接，加号两边的数据类型一致，如果类型不一致，则进行转换，最终转换成字符型，常用的转换函数有 STR（）和 DTOC（）。

③非结构复合索引文件。
命令格式如下：

```
INDEX   ON  <索引表达式>  TAG <索引名>   [OF  <索引文件名>][FOR  <条件>]
[ASCENDING |DESCENDING][UNIQUE]
```

　　非结构复合索引文件名由用户指定，但不能与表同名。

说明：ASCENDING |DESCENDING 表示升序或降序，默认升序。
　　　　UNIQUE 表示唯一索引。
　　　　CANDIDATE 表示候选索引。
例 1：在"XSDA"表中，以"出生日期"为关键字，索引名为"SR"建立升序普通索引。

```
USE  XSDA
INDEX   ON  出生日期  TAG  SR
```

例 2：在"XSDA"表中，以"学号"和"入学成绩"为关键字建立普通索引。

```
INDEX  ON  学号+STR（入学成绩，5，1）TAG   XR
```

例 3：在"XSDA"表中，以"出生日期"为关键字建立非结构复合索引文件，索引名为"SR"，索引文件名为 BIRTH。

```
INDEX  ON  出生日期  TAG  SR  OF  BIRTH
```

多关键字组合索引

5）使用索引。
①打开索引文件。
命令格式 1：

```
USE <表文件名> INDEX <索引文件名>
```

功能：打开表的同时打开索引文件。

命令格式2：

```
SET INDEX TO [索引文件名]
```

功能：已打开表的情况下单独打开索引文件。

【提示】

　　与表文件名相同的结构复合索引文件在打开表时自动打开。非结构复合索引文件需要用命令打开。

　　例如，打开前面建立的"BIRTH.cdx"非结构复合索引文件，命令格式如下：

```
SET INDEX TO BIRTH
```

【提示】

　　如果不带索引文件名，则关闭打开的索引文件。

②设置当前索引。

　　由于复合索引文件中可以包含多个索引项，打开复合索引文件时，还必须设置一个索引为主控索引。

　　命令格式如下：

```
SET ORDER TO [<数值表达式> | TAG<索引名>[OF<复合索引文件名>] [ASC|DESC]
```

　　例如，按图3-38建立的索引，创建的复合索引文件顺序中，指定第2个索引为主索引，命令格式如下：

```
SET ORDER TO 2
```

或者

```
SET ORDER TO TAG 入学成绩
```

　　显示结果如图3-40所示。

图3-40　按"入学成绩"索引后的记录排列结果

③查看索引结果。

　　在浏览窗口中，选择"表"→"属性"命令，打开"工作区属性"对话框，在"索引顺序"下拉列表框中选择一种索引顺序，如图 3-41 所示。

图 3-41　选择索引项

④索引文件的关闭。

命令格式 1：

```
USE
```

功能：关闭表文件的同时，也关闭了所有已打开的索引文件。

命令格式 2：

```
SET INDEX TO
```

功能：关闭所有已打开的索引文件，但表文件仍处于打开状态。

命令格式 3：

```
CLOSE   INDEX
```

功能：关闭所有已打开的索引文件，但表文件仍处于打开状态。

⑤索引更新。当对表中的记录进行编辑修改时，系统会自动更新打开的索引文件。但是，如果索引没有和表一起打开，当更改表中的数据时，索引不会自动更新，这些索引只有重新建立后才可以使用，所以需要进行索引更新。命令格式如下：

```
REINDEX
```

功能：该命令重新索引当前工作区中所有打开的索引文件。

⑥删除索引。

方法一：使用表设计器删除索引。

在"表设计器"对话框中，选中要删除的索引项，单击"删除"按钮。

方法二：使用命令删除索引。

命令格式如下：

```
DELETE    TAG  <索引名>
DELETE    TAG   ALL          && 删除全部索引
```

【练一练】

1. 在 Visual FoxPro 9.0 中，索引分为 _____ _____ _____ _____ 4 种类型。

2. 复合索引文件分为 _____ 和 _____ 两种类型。

3. 在索引文件中查找记录的命令是 _____。

4. 使用命令在结构复合索引文件中添加一个对"书名"字段的索引项，索引名为"sm"，则命令为 INDE _____ 书名 _____ sm。

5. 使用命令方式以 XSDA 表的"学号"字段为关键字建立候选索引。

## 3.3.2 索引查询

所谓查询，就是在表中查找用户指定条件的记录和字段。索引查询提高了查询速度，但需要事先对表建立索引文件，才能进行查询。索引查询的命令有 FIND 和 SEEK。

### 1. FIND 命令

命令格式如下：

```
FIND   <字符串常量> | <数值常量>
```

说明：（1）该命令用于已建立索引且索引已打开的情况，执行该命令将使用索引文件查找与指定字符串常量或数值常量相匹配的第一条记录，并把指针指向该记录。字符型数据不必使用定界符。

（2）FIND 仅是记录定位，找到后把记录指针指向该记录，并不显示该记录的内容；要显示该记录的内容，可使用 DISPLAY 命令。

### 2. SEEK 命令

命令格式如下：

```
SEEK   <表达式>
```

说明：（1）该命令在当前索引中查找与表达式相匹配的首记录。

（2）查找字符串时，用定界符 " "、' ' 或 [ ] 引起来。

（3）查找内存变量时，可以直接使用，无须使用宏替换。

（4）使用 SKIP 命令移动指针，查找下一条记录，直到出现不匹配的记录为止。

例如：在"XSDA"表中查找入学成绩是 460 分的记录。

```
USE   XSDA   EXCLUSIVE
SET   ORDER   TO   入学成绩
SEEK   460
DISPLAY
SKIP
DISPLAY
```

显示结果如图 3-42 所示。

图 3-42　SEEK 索引查询的结果

# 3.4　设置字段属性

## 3.4.1　字段属性和有效性规则的设置

数据库表的字段属性设置包括设置字段标题、设置字段注释来标识字段信息、设置字段默认值、设置字段输入掩码和显示格式、设置字段有效性规则来限制输入字段的数据内容等。但自由表不具有这些属性。

### 1. 设置字段的标题

【例 3-2】给"XSDA"表的"姓名"字段添加标题"学生姓名"。

具体操作步骤如下。

【步骤 1】打开"表设计器"对话框，选择"字段"选项卡。

【步骤 2】选择要添加标题的字段，在"显示"栏的标题框中输入"学生姓名"，如图 3-43 所示。

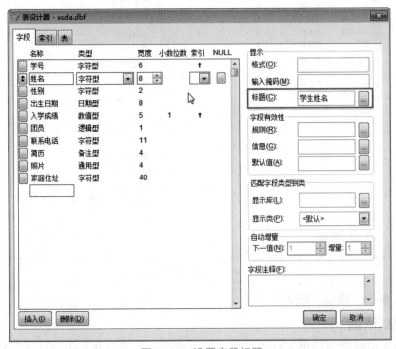

图 3-43　设置字段标题

【步骤3】单击"确定"按钮，并浏览表记录，如图3-44所示。

| 学号 | 学生姓名 | 性别 | 出生日期 | 入学成绩 | 团员 | 联系电话 | 简历 | 照片 | 家庭住址 |
|---|---|---|---|---|---|---|---|---|---|
| 201501 | 王跃 | 男 | 01/20/00 | 444.0 | T | 13831075145 | Memo | Gen | 保定市涿州市刁窝乡 |
| 201507 | 张寨 | 男 | 01/07/00 | 451.0 | F | 18732266417 | memo | gen | 保定市涿州市百尺杆镇 |
| 201502 | 李思瑶 | 女 | 09/17/00 | 460.0 | F | 15097752445 | memo | gen | 保定市涿州市松林店镇 |
| 201509 | 张芳皓 | 男 | 01/21/98 | 468.0 | T | 17703233524 | memo | gen | 保定市涿州市开发区 |
| 201503 | 史工其 | 女 | 11/12/00 | 469.0 | T | 13930266654 | memo | gen | 保定市涿州市孙庄乡 |
| 201510 | 高子欣 | 女 | 01/21/99 | 481.0 | T | 15930237745 | memo | gen | 保定市涿州市凌云小区 |
| 201506 | 汤明亮 | 男 | 10/01/99 | 484.0 | T | 15130299845 | memo | gen | 保定市涿州市刁窝乡 |
| 201508 | 龚玉莹 | 女 | 06/04/97 | 487.0 | F | 15830922541 | memo | gen | 保定市涿州市松林店 |
| 201504 | 王典 | 男 | 11/19/99 | 490.0 | F | 18730233625 | memo | gen | 保定市涿州市义和庄乡 |
| 201505 | 李硕 | 男 | 03/09/99 | 495.0 | T | 13934454487 | memo | gen | 保定市涿州市松林店镇 |

图3-44 设置字段标题显示结果

## 2. 给字段添加注释

【例3-3】给"XSDA"表中的"学号"字段添加一个注释：前4位表示入学年份，后两位表示序号。

具体操作步骤如下。

【步骤1】打开"表设计器"对话框，选择"字段"选项卡。

【步骤2】选择要添加注释的"学号"字段。

【步骤3】在"字段注释框"中输入注释，如图3-45所示。

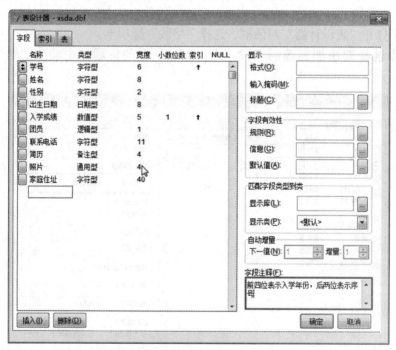

图3-45 给字段添加注释

【步骤4】单击"确定"按钮。

## 3. 设置字段默认值

在表中输入记录时，如果某些内容出现的次数较多，可以在"表设计器"对话框中将该内容设置为默认值。

## 4. 设置字段有效性规则

在输入记录时，通过设置字段有效性规则，可以判断输入的数据是否符合要求。

【例 3-4】给"XSDA"表中的"入学成绩"字段设置有效性规则，要求接收的数据范围在 0~750 之间。

具体操作步骤如下。

【步骤 1】打开"表设计器"对话框，选择"入学成绩"字段。

【步骤 2】在规则框里输入"Between（入学成绩，0，750）"；信息框中输入"'入学成绩'字段的取值范围在 0~750 之间，请重新输入正确的数值"，如图 3-46 所示。

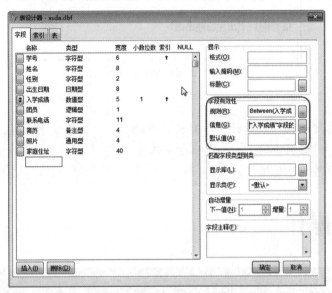

图 3-46　设置字段的有效性规则

【步骤 3】单击"确定"按钮。

当"入学成绩"字段输入的值不在 0~750 范围之间时，则给出出错提示信息，如图 3-47 所示。

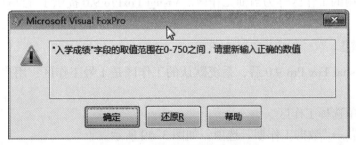

图 3-47　出错提示信息

### 3.4.2 记录属性的设置

在 Visual FoxPro 9.0 中可以利用记录有效性规则检查记录数据是否有效，是否满足一定的条件。在"表设计器"对话框中，选择"表"选项卡，然后在"规则"文本框中输入一个表达式，设置记录的有效性规则，在"信息"文本框中输入相关的提示信息，当不满足有效性规则时，弹出出错提示信息窗口。

【例 3–5】给"XSDA"表设置记录的有效性规则，在输入记录时，如果出生日期超过系统当前日期，则提示"出生日期出错！"。

具体操作步骤如下。

【步骤 1】打开"表设计器"对话框，选择"表"选项卡。

【步骤 2】在"记录有效性"栏的"规则"文本框输入"出生日期 <=DATE（ ）"，在"信息"文本框中输入提示信息"'出生日期出错！'"，如图 3–48 所示。

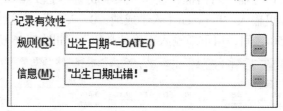

图 3–48　设置记录的有效性规则

【练一练】

1. 字段有效性规则在"表设计器"对话框中的_____选项卡下设置，记录的有效性规则在"表设计器"对话框中的_____选项卡下设置。

2. 字段的显示格式包括格式、_____和_____。

# 3.5　多表操作

## 3.5.1　选择工作区

在 Visual FoxPro 9.0 中使用多个表，就要使用多个工作区。所谓工作区，就是用来存放表的内存空间。用户就可以在不同的工作区同时打开多个表，但在任何时候用户只能使用一个工作区。即在某一时刻该工作区中只有一个表处于"工作"状态，可以对该表进行各种操作，当前正在使用的工作区称为当前工作区。Visual FoxPro 9.0 提供了 32767 个工作区，编号为 1~32767。

### 1. 工作区的选择

每次启动 Visual Fox Pro 9.0 后，系统默认的工作区是 1 号工作区，用户可以选择其他工作区。

（1）使用菜单选择工作区。

选择"窗口"→"数据工作期"选项，如图 3–49 所示。

图 3-49　"数据工作期"窗口

（2）使用命令选择工作区。

命令格式如下：

```
SELECT  <工作区号> | <别名> | <0>
```

功能：选择一个工作区为当前工作区。

【提示】

（1）工作区号是 1~32767 之间的数字。

（2）别名是打开表时指定的别名或系统固定别名。

（3）1~10 号工作区可以用别名 A~J 来表示。

（4）0 表示没有使用的最小工作区号。

## 2. 多表的打开与关闭

（1）打开多个表。

使用菜单窗口中的数据工作期打开表时，系统会自动分配最小的未使用的工作区。

命令格式如下：

```
USE <表名>  IN  <工作区号> | <别名> | <0> [ALIAS <别名> ] [AGAIN]
```

说明：ALIAS 表示指定别名。

AGAIN 表示在不同的工作区再次打开已经打开的表，否则系统会提示出错信息"文件正在使用"。

功能：在指定工作区号或别名工作区中打开指定的表，当前工作区不变。

【提示】

此命令的使用不改变当前的工作区。

例如：

```
SELECT  1
USE  XSDA  ALIAS  DA
SELEC  C
USE  XSCJ
```

```
SELECT    0                &&选择当前没有使用的最小工作区2号
USE    XSDA    AGAIN
SELECT    DA               &&选择别名是DA工作区，即1号工作区
```

显示结果如图3-50所示。

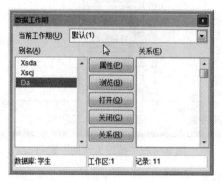

图3-50  显示结果

（2）关闭多个表。

可以使用SELECT命令和USE命令逐个关闭。

```
SELECT    5
USE
SELECT    2
USE
```

也可以使用下面命令逐个关闭打开的表。

```
USE    IN    <工作区号>  | <别名>
```

例如：

```
USE  XSDA  IN    2
USE  XSCJ  IN    5  ALIAS   CJ
USE    IN    B
USE    IN    CJ
```

（3）关闭全部打开的表。

命令格式如下：

```
CLOSE    DATABASE    ALL
```

## 3. 访问其他工作区

在当前工作区访问其他工作区表中的数据，须在字段名前加上<别名>。

命令格式如下：

```
<别名> -> <字段名> 或 <别名>.<字段名>
```

例如，在1号工作区打开"XSDA"表，在3号工作区打开"XSCJ"表，并同时显示"XSDA"表中第5条记录的姓名，入学成绩字段内容，"XSCJ"表中第5条记录的姓名，总分字段内容。

```
USE    XSDA    IN    1
```

```
GO    5
SELECT   3
USE   XSCJ
GO    5
SELECT   1
```

DISPLAY   off　姓名，入学成绩，XSCJ-> 姓名，C.总分

显示结果如图 3-51 所示。

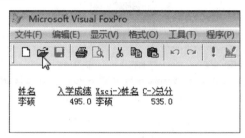

图 3-51　显示结果

【练一练】

　　假设当前工作区是 1 区，执行"USE 学籍 IN 3"命令后，则当前工作区是_____区。

## 3.5.2　表之间的临时关联

表间关系分为临时关系和永久关系。

### 1. 设置表间临时关系

前提：具有相同的字段，且建立了索引，分别在两个工作区打开。

（1）使用菜单设置表间临时关系

①打开"数据工作期"窗口，先打开"XSDA"表（A 工作区），再打开"XSCJ"表（B 工作区）。

②在别名列表中选择要关联的表，如"XSDA"表，然后单击"关系"按钮，这时在关系列表中添加一个"XSDA"表，如图 3-52 所示。

③在别名列表中选择"XSCJ"表，此时打开"设置索引顺序"对话框，如图 3-53 所示。

④打开表达式生成器，双击"学号"字段，则建立了两表间的关联，如图 3-54 所示。

图 3-52　建立表间关系

图 3-53　"设置索引顺序"对话框

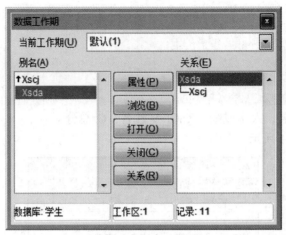

图 3-54　建立表间的关联

【提示】

　　当数据库表关闭时，这种关系也随之撤销，"多"方记录指针随"一"方指针的移动而移动。

（2）使用命令设置表间临时关系。

命令格式如下：

```
SET  RELATION  TO  <关键字>  INTO  <工作区号>|<别名>
SET  RELATION  TO           && 撤销关系
```

例如：使用命令建立"XSDA"表和"XSCJ"表之间的关联。

```
OPEN   DATABASE  学生
USE XSDA   EXCLUSIVE
USE XSCJ  IN  0  EXCLUSIVE
SELECT  2
SET  ORDER  TO  1
SELECT  1
SET   RELATION   TO 学号  INTO  XSCJ
```

【练一练】

　　使用 SET RELATION 命令建立"XSDA"表和"XSCJ"表之间的关系。

### 3.5.3　表之间的永久关系和参照完整性

#### 1. 建立表间永久关系

　　数据表之间的永久关系存储在数据库文件中，而不同于 SET RELATION 命令所建立的临时关系，每次使用时需要重新建立。索引关键字的类型决定了要创建的永久关系的类型。在一对多关系中，"一"方必须用主索引关键字，或者用候选索引关键字；而"多"则使用普通索引关键字。永久关系分为以下 3 种类型。

　　（1）一对一关系：指在表 A 中的任何一条记录，在表 B 中只能对应一条记录，而表 B 中的一条记录在表 A 中也只能有一条记录与之对应。

（2）一对多关系：指表 A 中的一条记录可以对应表 B 中的多条记录，而表 B 中的一条记录最多只能对应表 A 的一条记录。建立一对多关系时，"一"方（父表）使用主索引或候选索引，而"多"方（子表）使用普通索引。

（3）多对多关系：指表 A 中的一条记录可以对应表 B 中的多条记录，而表 B 中的一条记录也可以对应表 A 中的多条记录。

【提示】

　　最常用的是一对多关系。

【例 3-6】将 "XSDA" 表和 "XSCJ" 表建立一对一的关系。

具体操作步骤如下：

【步骤 1】在项目管理器窗口打开数据库设计器查 "学生"。

【步骤 2】选择 "XSDA" 表中的主索引 "Xh"，将其拖到 "XSCJ" 表中的对应 "Xh" 索引上，这时，可以看到它们之间出现一条黑线，表示在两个表之间建立了一对一的关系，如图 3-55 所示。

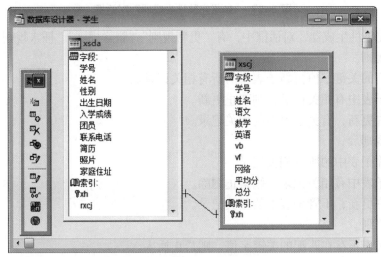

图 3-55　建立一对一的关系

【提示】

　　关闭表时关系依然存在。

## 2. 编辑表间永久关系

打开数据库设计器窗口，右击表之间的连线，此时弹出快捷菜单，如图 3-56 所示。

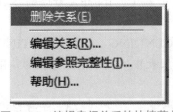

图 3-56　编辑表间关系的快捷菜单

### 3. 编辑参照完整性

在表间建立关系后，可以通过设置参照完整性来建立一些规则，以便控制相关表中记录的插入、更新或删除。

打开方法：右击关联线，在弹出的菜单中选择"编辑参照完整性"命令或选择"数据库"→"编辑参照完整性"选项，出现"参照完整性生成器"对话框，如图3-57所示。

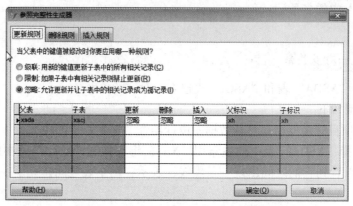

图3-57 "参照完整性生成器"对话框

在"参照完整性生成器"对话框中，有"更新规则""删除规则""插入规则"3个选项卡。

（1）更新规则。

级联：用新的关键字值更新子表中的所有相关记录。

限制：若子表中有相关记录，则禁止更新。

忽略：允许更新，有关子表中的相关记录。

（2）删除规则。

级联：删除子表中的所有相关记录。

限制：若子表中有相关记录，则禁止删除。

忽略：允许更新，不管子表中的相关记录。

（3）插入规则。

限制：若父表不存在匹配的关键字值，则禁止插入。

忽略：允许插入。

## ||||||||||||||||||||||||||||||||| 巩固提升 |||||||||||||||||||||||||||||||||

### 一、选择题

1. 在Visual FoxPro中，建立索引的INDEX命令的参数中，表示建立唯一索引的是（ ）。

A.CANDIDATE　　　B. ASCENDING　　　C. DISTINCT　　　D. UNIQUE

2. 在Visual FoxPro中，如果表中的某个字段存放的是图片，需要将该字段设置为下面哪种类型（ ）。

A. 备注型　　　B. 通用型　　　C. 字符型　　　D. 双精度型

3. 在 Visual FoxPro 中，要为两个数据表建立一对多的永久关系，要求主表的索引类型必须为（　　　）。

A. 主索引　　　　　　　　　　　　B. 主索引或候选索引

C. 主索引、候选索引或唯一索引　　D. 可以不建立索引

4. 在 Visual FoxPro 中，查询结果保存到文本文件中，如果文件已经存在，则将结果追加到该文件的末尾的选项是（　　　）。

A. ADD　　　　　B. ADDITIVE　　　　C. APPEND　　　　D. INSERT

5. ZAP 命令可以删除当前表的（　　　）。

A. 全部记录　　　　　　　　　　　B. 满足条件的记录

C. 结构　　　　　　　　　　　　　D. 有删除标记的记录

6. 在数据表中，记录是由字段值构成的数据序列，但数据长度比各字段宽度之和多一个字节，这个字节是用来存放（　　　）。

A. 记录分隔标记的　　　　　　　　B. 记录序号的

C. 记录指针定位标记的　　　　　　D. 删除标记的

7. 与表文件同名，但其扩展名为 .cdx 的文件是与该表对应的（　　　）。

A. 结构复合索引文件　　　　　　　B. 非结构复合索引文件

C. 单索引文件　　　　　　　　　　D. 压缩索引文件

8. 下列文件都是表 "RS.dbf" 的索引文件，在打开该表时自动打开索引文件是（　　　）。

A.RS.idx　　　　　B.RSZC.cdx　　　　　C.RS.cdx　　　　　　　D.无

9. 如果有两个数据表 SCORE.DBF 和 ASCORE.DBF 的数据表结构完全相同，那么要将 SCORE.DBF 中的记录追加到 ASCORE.DBF 之后，应使用命令组（　　　）。

A. USE SCORE　　　　　　　　　　B. USE ASCORE

APPEND FROM ASCORE　　　　　　APPEND FROM SCORE

C. USE SCORE　　　　　　　　　　D. USE ASCORE

COPY TO ASCORE　　　　　　　　COPY FROM SCORE

10. 数据表文件 MUMA.DBF 有 50 条记录，当前指针指向的记录号是 20，执行 DISPLAY ALL 命令后，记录指针所指的记录号是（　　　）。

A. 50　　　　　B. 20　　　　　C. 1　　　　　　　D. 51

11. 下面有关索引的描述正确的是（　　　）。

A. 建立索引以后，原来的数据库表文件中记录的物理顺序将被改变

B. 索引与数据库表的数据存储在一个文件中

C. 若要实现唯一索引，可以加 UNIQUE 选项

D. 索引文件是从属于原数据库文件存在的，它不可单独使用

12. 在 Visual FoxPro 中，不允许出现重复字段值的索引是（　　　）。

A. 候选索引和主索引　　　　　　　B. 普通索引和主索引

C. 候选索引和唯一索引　　　　　　D. 普通索引和候选索引

13. 在 Visual Foxpro 中，如果指定参照完整性的 "删除规则" 为 "级联"，则当删除父表中的记录时（　　　）。

A. 系统自动备份子表相关记录到一个新表中

B. 若子表中有相关记录，则禁止删除父表中记录

C. 会自动删除子表中所有相关记录

D. 不做参照完整性检查，删除父表记录与子表无关

14. 执行下面的命令后，函数 EOF（）的值一定为 .T. 的是（　　）。

A. REPLACE 基本工资 WITH 基本工资 +200

B. LIST NEXT 10

C. GO BOTTOM

D. DISPLAY FOR 基本工资 >800

15. 在 Visual FoxPro 9.0 中，下列有关数据库的描述，正确的是（　　）。

A. 数据库不能多用户共享

B. 在关系型数据库系统中，关系型数据库是通过一个二维表来表示数据之间的联系的

C. 数据库中的最小访问单位是记录

D. 数据库中的数据不能是图像

16. 在 Visual FoxPro 9.0 中，关于索引的叙述正确的是（　　）。

A. 一个表中只能有一个主索引，主索引不仅适用于数据库表，也适用于自由表

B. 一个表中只能有一个主索引，建立主索引的关键字段值不允许重复

C. 每个表可以建立多个候选索引，建立候选索引的关键字段值不允许重复，但候选索引只适用于数据库表

D. 建立一个索引文件时，表中记录的物理存储顺序也会发生变化

17. 在 Visual FoxPro "表设计器" 对话框中的 "字段" 选项卡中，字段有效性的设置项里不包括（　　）。

A. 规则　　　　　　　B. 信息　　　　　　　C. 默认值　　　　　　　D. 标题

二、填空题

1. 在 Visual FoxPro 中，在当前记录之前插入一条空白记录的命令是_____。

2. 在 Visual FoxPro 9.0 中，通过设置字段的_____，在输入记录时，可以判断输入的数据是否符合要求。

3. 在 Visual FoxPro 9.0 中，以独占方式打开数据库 student.dbc 的命令是_____。

三、判断题

1. 在 Visual FoxPro 9.0 中，如果数据库表文件有 3 个备注字段，则该数据库表有 3 个 .FPT 文件。（　　）

2. 在 Visual FoxPro 中，使用 PACK 命令将删除当前表中全部记录。（　　）

3. 用 SET RELATION 命令建立数据库关联之前，两个数据库都必须索引。（　　）

# 项目 4

## 查询和视图

■查询

■视图

1. 能解释查询的概念及查询的特性。
2. 能够使用查询向导和查询设计器创建查询。
3. 能够利用向导和视图设计器创建视图。
4. 能够创建参数化视图。
5. 能够正确区分视图与查询。

# 4.1 查 询

Visual FoxPro 9.0 提供了创建查询的两种方法：一是使用查询向导；二是使用查询设计器。

## 4.1.1 利用向导创建查询

### 1. 查询

（1）查询的定义：就是向一个数据库发出检索信息的要求，从中提取符合特定条件的记录。系统默认的扩展名为 .qpr。

（2）查询的特性如下。

①进行查询时会产生一个独立的数据文件，其文件扩展名为 .qpr。

②使用查询只可以检索数据，而不能对数据进行修改。

③查询结果不会影响原来的数据文件。

### 2. 利用向导创建查询

（1）使用菜单查询。

【例 4-1】查询"XSDA"表中入学成绩在 480 分以上的记录，要求查询结果中只显示学号、姓名、入学成绩、家庭住址内容。

具体操作步骤如下。

【步骤 1】选择"文件"→"新建"命令，如图 4-1 所示，单击"向导"按钮，如图 4-2 所示。

图 4-1 "新建"对话框

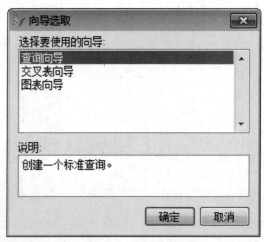

图 4-2 "向导选取"对话框

【步骤 2】该对话框中列出了 3 种向导：查询向导、交叉表向导和图形向导。选择"查询向导"，再单击"确定"按钮，出现"选择字段"对话框，如图 4-3 所示。

【步骤 3】选择查询结果中所包含的字段。

【步骤 4】设置查询条件，如图 4-4 所示。

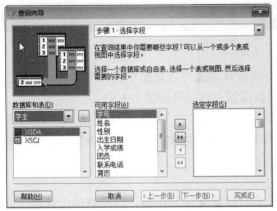

图 4-3　"选择字段"对话框

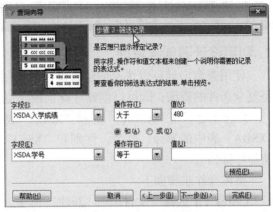

图 4-4　设置查询条件

【提示】

　"与"是筛选两个条件同时满足，"或"是筛选至少满足一个条件的记录。

【步骤 5】选择排序字段，如图 4-5 所示。

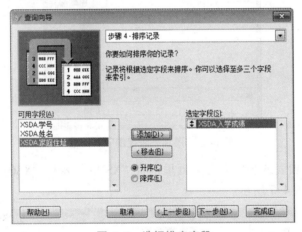

图 4-5　选择排序字段

【提示】

　最多可选择 3 个排序字段，只有当第一个排序字段相同时，才按第二个字段排序；当第二个字段也相同时，才按第三个字段排序。保存文件系统的默认扩展名为 .qpr。

（2）使用项目管理器查询。

　在"项目管理器"中，选择"数据"→"查询"选项。其他的操作步骤与使用菜单相同。

【提示】

　采用交叉表向导创建查询文件时，交叉表布局包括行、列和数据 3 个部分。

## 4.1.2　利用设计器创建查询

### 1. 利用设计器创建查询

　　使用查询向导可以快速创建查询，而使用查询设计器既可以是简单条件的查询，也可以是复杂条件的查询；既可以创建计算字段，也可以设置查询结果的输出去向。

　　【例 4-2】在"XSDA"表和"XSCJ"表查询性别为"男"的各科成绩，并且显示"XSDA"表中的学号、姓名，性别和"XSCJ"表中的语文、数学、英语字段内容，按语文成绩降序排列。

　　具体操作步骤如下。

　　【步骤 1】选择"文件"→"新建"命令，单击"新建文件"按钮，启动查询设计器，并打开"添加表或视图"对话框，如图 4-6 所示。

图 4-6　"添加表或视图"对话框

　　【步骤 2】在"添加表或视图"对话框里，将"XSDA"表和"XSCJ"表添加到"查询设计器"对话框中，如图 4-7 所示。

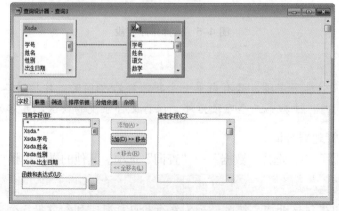

图 4-7　"查询设计器"窗口

【步骤 3】建立表间联接：将"XSDA"表和"XSCJ"表添加到查询设计器窗口后，它们之间有一条连线，这条连线表示两个表之间已经建立了关联，如果两个表之间没有建立关联，进行条件联接时，会同时出现如图 4-8 所示的对话框。

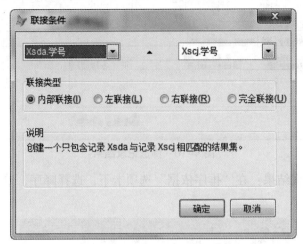

图 4-8　"联接条件"对话框

联接条件对话框中的联接类型有如下四种。

①内部联接。在查询结果中只显示左字段列表与右字段列表相匹配的记录。

②左联接。在查询结果中只显示左字段列表中的所有记录，以及右字段列表中与联接条件相匹配的记录。

③右联接。在查询结果中只显示右字段列表中的所有记录，以及左字段列表中与联接条件相匹配的记录。

④完全联接。在查询结果中列出两个表里的所有记录，而不考虑记录是否与联接条件相匹配。

【步骤 4】选择输出字段："XSDA"表中的学号、姓名，性别和"XSCJ"表中的语文、数学、英语，单击工具栏上的 ！ 按钮，可以浏览查询结果，如图 4-9 所示。

| 学号 | 姓名 | 性别 | 语文 | 数学 | 英语 |
|---|---|---|---|---|---|
| 201501 | 王跃 | 男 | 89.0 | 90.0 | 82.0 |
| 201502 | 李思瑶 | 女 | 78.0 | 86.0 | 87.0 |
| 201503 | 史工其 | 女 | 95.0 | 93.0 | 78.0 |
| 201504 | 王奥 | 男 | 88.0 | 89.0 | 92.0 |
| 201505 | 李硕 | 男 | 90.0 | 86.0 | 78.0 |
| 201506 | 汤明亮 | 男 | 85.0 | 82.0 | 76.0 |
| 201507 | 张寨 | 男 | 94.0 | 93.0 | 68.0 |
| 201508 | 龚玉莹 | 女 | 91.0 | 96.0 | 83.0 |
| 201509 | 张芳略 | 男 | 91.0 | 95.0 | 96.0 |
| 201510 | 高子欣 | 女 | 94.0 | 93.0 | 90.0 |

图 4-9　查询结果

【步骤 5】设置查询条件：在"筛选"选项卡下，设置筛选条件，如图 4-10 所示，在"实例"文本框中，输入的信息要符合常量的语法格式。

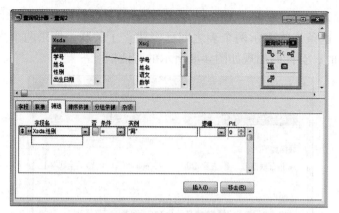

图 4-10　筛选记录结果

【步骤 6】排序查询结果：在"排序依据"选项卡下，选择降序，单击"运行"按钮，结果如图 4-11 所示。

| 学号 | 姓名 | 性别 | 语文 | 数学 | 英语 |
|---|---|---|---|---|---|
| 201507 | 张寨 | 男 | 94.0 | 93.0 | 68.0 |
| 201509 | 张芳略 | 男 | 91.0 | 95.0 | 96.0 |
| 201505 | 李硕 | 男 | 90.0 | 86.0 | 78.0 |
| 201501 | 王跃 | 男 | 89.0 | 90.0 | 82.0 |
| 201504 | 王奥 | 男 | 88.0 | 89.0 | 92.0 |
| 201506 | 汤明亮 | 男 | 85.0 | 82.0 | 76.0 |

图 4-11　排序查询结果

【步骤 7】分组查询：主要功能是只输出关键字段相同的记录中的一条。

## 2. 创建计算字段查询

利用"查询设计器"对话框中的"字段"选项卡下的"函数和表达式"可以创建一个计算表达式。查询中用到的函数有 AVG（）：求平均值、SUM（）：求总和、MAX（）：求最大值、MIN（）：求最小值、COUNT（）：统计个数。

计算表达式可以是表中没有的数据，后面接 AS 和计算字段的名称，表示创建一个新字段。

## 3. 设置查询去向

默认的输出为"浏览"记录，根据需要可以把查询结果设置为不同的输出。

在"查询设计器"对话框中，选择"查询"→"查询去向"命令，如图 4-12 所示。

图 4-12　"查询去向"对话框

输出去向选项如下。

浏览：浏览显示查询结果。

临时表：将查询结果保存在一个临时表中，关闭表时自动清除。

表：将查询结果保存在一个自由表中。

屏幕：将查询结果显示在主窗口或当前活动窗口中。

### 4. 运行查询

（1）在项目管理器中，选中要查询的文件，单击"运行"按钮，显示结果如图 4-13 所示。

图 4-13 显示结果

（2）选择"程序"→"运行"命令，选择要运行的文件。

（3）命令方式。命令格式如下：

```
DO    查询文件名.qpr
```

【提示】

扩展名不能省略。

【练一练】

1. 在"查询设计器"中创建的查询文件的扩展名为（　　）。

A.PRG　　　　　　　　B.QPR　　　　　　　　C.SCX　　　　　　　　D.MPR

2. "查询设计器"对话框中的"筛选"选项卡的作用是（　　）。

A. 指定查询条件　　　　　　　　　B. 增加或删除查询的表

C. 观察查询生成的 SQL 程序代码　　D. 选择查询结果中包含的字段

3. 多表查询必须设定的选项卡为（　　）。

A. 字段　　　　　　B. 联接　　　　　　C. 筛选　　　　　　D. 更新条件

# 4.2 视 图

## 4.2.1 创建视图

### 1. 视图的相关概念

（1）视图是一种基于表或其他视图而定制的虚拟表，因此，视图兼有"查询"和"表"的特点。

（2）视图的类型有两种，即本地视图和远程视图。

（3）本地视图可以使用本地视图向导和视图设计器来创建，由于视图和查询有很多相似之处，因此创建视图与创建查询的步骤也很相似。

## 2. 使用视图设计器创建视图

【例 4-3】在"XSDA"表和"XSCJ"表查询性别为"女"的各科成绩，并且显示"XSDA"表中的学号、姓名，性别和"XSCJ"表中的语文、数学、英语、总分字段内容，按总分成绩降序排列。

具体操作步骤如下。

【步骤 1】在"项目管理器"窗口中，选择"学生"数据库，在该数据库中选择"本地视图"选项，单击"新建"按钮，屏幕显示"新建本地视图"对话框，单击"新建视图"按钮，出现"视图设计器"窗口，如图 4-14 所示窗口。

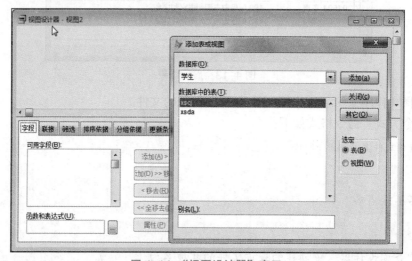

图 4-14 "视图设计器"窗口

【步骤 2】添加表或视图，如图 4-15 所示。

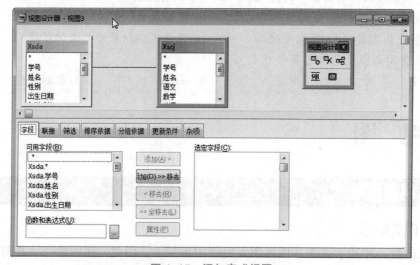

图 4-15 添加表或视图

【步骤 3】建立表或视图之间的连接，如图 4-16 所示。

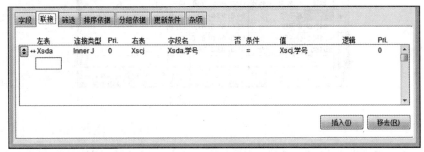

图 4-16   建立表或视图之间的连接

【步骤 4】选择要显示的字段，如图 4-17 所示。

图 4-17   选择要显示的字段

【步骤 5】筛选记录，如图 4-18 所示。

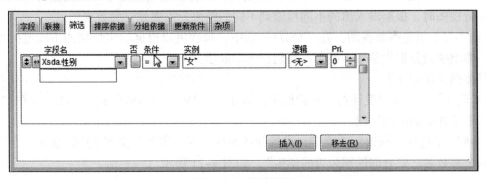

图 4-18   筛选记录

【步骤 6】设置排序，如图 4-19 所示，单击"运行"按钮，显示结果如图 4-20 所示。

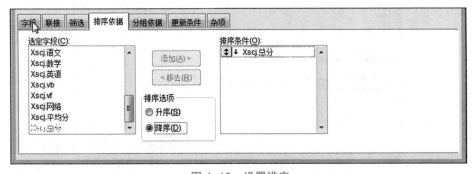

图 4-19   设置排序

图 4-20　显示结果

【提示】

（1）由于视图是数据库的一部分，不能单独存在，因此视图的运行结果只能浏览，不能保存为图表、报表等文件。

（2）视图和查询功能的不同点是：视图的结果可以修改，并可以将修改的结果回存到源表中，而查询的结果只供输出浏览；视图文件是数据库的一部分，保存在数据库中，而查询文件是一个独立的数据文件，它不属于数据库。

【练一练】

利用视图设计器创建视图，要求在"成绩"表中，筛选出英语在 80 分以上，总分在 480 分以上的记录，要求只显示学号、姓名、英语、总分和平均分字段内容。

## 4.2.2　创建参数视图

前面创建的视图，每次运行时，根据所设置的条件筛选出的记录都是固定的。如果希望每次运行视图时，根据输入值的不同检索到不同的结果，需要建立参数视图。

【例 4-4】创建参数视图：在"XSDA"表中，每次可以根据学生性别的不同输出不同的记录，输出字段分别为学号、姓名、性别、入学成绩。

具体操作步骤如下。

【步骤 1】在"视图设计器"对话框中，新建一个基于"XSDA"表的视图，并在"字段"选项卡下选择要输出的字段。

【步骤 2】选择"筛选"选项卡，设置筛选条件，在"实例"文本框中，输入一个"？"，紧接一个参数名"要查询性别为男的学生"，如图 4-21 所示。

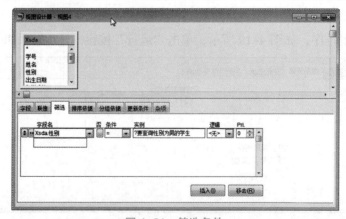

图 4-21　筛选条件

【步骤 3】单击工具栏上的"运行"按钮，出现如图 4-22 所示的"视图参数"对话框，提示用户输入参数值。例如，输入"男"，则系统检索出相应的记录，如图 4-23 所示。

图 4-22　"视图参数"对话框　　　　图 4-23　参数视图查询结果

## 4.2.3　视图更新数据

视图是可以更新的，这是它与查询的主要区别之一。更新视图是在"视图设计器"对话框中的"更新条件"选项卡上完成的，如图 4-24 所示。

图 4-24　"更新条件"选项卡

"更新条件"选项卡上各项的作用如下。

表：在此下拉列表框中可以选择要修改的表，既可以选择全部表，也可以选择单个表。

重置关键字：单击此按钮，可以保证视图中表的关键字段设置和该数据表原来的设置相匹配。

全部更新：单击此按钮，可以保证除关键字字段外全部字段均设置为可以更新。

发送 SQL 更新：选中此复选框时，可以将"视图设计器"对话框中的修改结果回存到源表中。

字段名：在此列表框中可以选择除关键字字段以外的所有字段来进行更新，"字段名"左侧有两个标志🔑 ✒。前者表示关键字，后者表示更新。

关键字的作用：系统可以根据关键字列出源文件中与之对应的记录，进行修改，关键字的设置必须保证记录的唯一性，否则可以设置多个字段来避免重复。

可修改的字段：即是可以更新的字段，如果字段未被标注为更新，虽然可以在表单中或浏览窗口中修改，但修改的值不会回存到源表中，最好不要将关键字段作为更新的字段。

【提示】

如果把表中的记录回存到源表中，必须选中"发送 SQL 更新"复选框，并且在使用此选项之前，必须至少设置一个关键字段和一个可修改字段。

更新的方式如下。

SQL delete 然后 insert：先删除记录，然后在视图中输入的新值取代原表值。

SQL update：使用 SQL update 命令来更新。

## 4.2.4 视图应用（视图的相关命令）

### 1. 创建视图文件

命令格式如下：

```
CREATE  SQL VIEW  视图名
```

### 2. 打开视图文件

命令格式如下：

```
USE  视图名
```

### 3. 修改视图文件

命令格式如下：

```
MODIFY  VIEW  视图名
```

### 4. 视图重命名

命令格式如下：

```
RENAME  VIEW  原视图名  TO  新视图名
```

### 5. 删除视图

命令格式如下：

```
DELETE  VIEW  视图名
```

【练一练】

一、填空题

1. 创建视图可以选择数据库表、_____和_____。

2. 如果要把视图中修改的数据回存到源表中，必须选中_____选项卡中的"发送 SQL 更新"复选框。

二、选择题

1. 使用向导创建视图时，最多可以使用的筛选条件数是（　　　）。

A.1 个　　　　　　B.2 个　　　　　　C.3 个　　　　　　D.4 个

2. 根据数据源的不同，可将视图分为（　　　）。

A. 本地视图和远程视图　　　　B. 本地视图和临时视图

C. 过程视图和临时视图　　　　D. 单表视图和多表视图

3. 下列关于视图操作的说法中，错误的是（　　　）。

A. 利用视图可以实现多表查询　　B. 视图可以产生磁盘文件

C. 利用视图可以更新表数据　　　D. 视图可以作为查询数据源

||||||||||||||||||||||||||||||||||||　巩固提升　||||||||||||||||||||||||||||||||||||

**一、选择题**

1. 在 Visual FoxPro 中，下列关于视图的说法不正确的是（　　）。

A. 视图保存在数据库中

B. 视图可以是本地的、远程的，但不可以带参数

C. 通过视图可以对表进行查询

D. 使用对视图进行查询时必须事先打开该视图所在的数据库

2. 在 Visual FoxPro 中，以下关于视图的描述正确的是（　　）。

A. 视图和查询的最大区别在于视图可以对源表中的数据进行更新

B. 视图文件的扩展名为 .pqr

C. 视图只能从一个表派生出来

D. 视图不能检查更新的合法性

3. 在 Visual FoxPro 中，关于查询的叙述错误的是（　　）。

A. 在"查询设计器"对话框中的"杂项"选项卡中可以指定是否包含重复记录及列在前面的记录个数或百分比

B. 查询结果保存在数据库中

C. 在"查询去向"对话框中，临时表是将查询结果保存在一个临时表中，关闭表时自动清除

D. 在"查询设计器"对话框中，"筛选"选项卡的作用是指定查询记录的条件

4. 在 Visual FoxPro 中，下列关于视图的叙述错误的是（　　）。

A. 通过视图可以对表进行查询

B. 通过视图可以对表进行更新

C. 视图是一个独立的数据文件，不属于任何的数据库

D. 视图分为本地视图和远程视图两种类型

5. 在 Visual FoxPro 中，查询结果保存到文本文件中，如果文件已经存在，则将结果追加到该文件的末尾的选项是（　　）。

A. ADD　　　　B. ADDITIVE　　　　C. APPEND　　　　D. INSERT

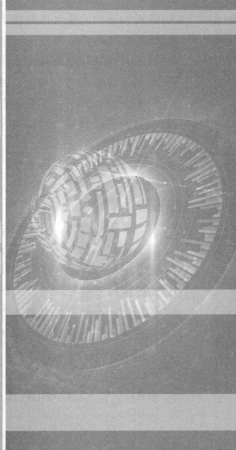

# 项目 5

## 结构化查询语言 SQL

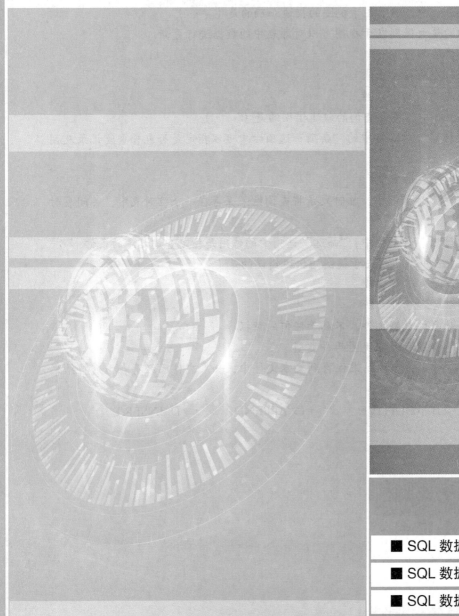

- ■ SQL 数据定义
- ■ SQL 数据操作
- ■ SQL 数据查询

1. 了解 SQL 的基础知识。

2. 学会 SQL 的数据定义语言，并能够用 SQL 对表结构进行创建及修改。

3. 学会 SQL 的数据操纵语言，并能够用 SQL 实现记录的增删改。

4. 学会 SQL 查询，并能够实现数据的查询。

结构化查询语言（Structured Query Language，SQL）的主要功能是同各种数据库建立联系，进行沟通，是一种非过程化的编程语言。按照 ANSI（美国国家标准协会）的规定，SQL 被作为关系型数据库管理系统的标准语言，可以用来执行各种各样的操作。目前，大多数流行的关系数据库管理系统，如 Oracle、Sybase、Microsoft SQL Server、Access 等都采用了 SQL 语言标准。

SQL 按功能可以划分为三大部分：数据定义语言（DDL）、数据操纵语言（DML）、数据控制语言（DCL）。而数据查询是 SQL 的核心。

# 5.1　SQL数据定义

SQL 的数据定义包括数据库的定义、数据表的定义、视图的定义、规则的定义等。

## 5.1.1　创建数据表

### 1. 创建表结构

创建表结构有两种方式，创建如图 5-1 所示的表结构。

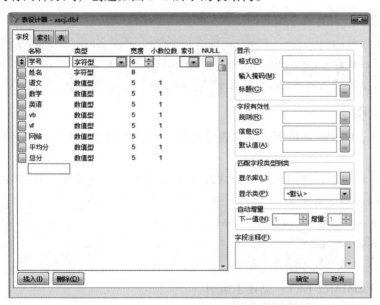

图 5-1　数据表结构

（1）在 Visual FoxPro 环境下，使用菜单方式或使用 CREATE 命令创建数据表。

（2）在 SQL 环境下，使用 SQL-CREATE TABLE 命令来创建数据表。基本格式如下：

```
CREATE TABLE <表名> [FREE]
(<字段名1> <字段类型>[ (宽度[, 小数位] ) ]
[NULL|NOT NULL]
[, <字段名2>…]…)
```

说明:(1)该命令的功能是创建数据表。

(2)FREE:创建自由表。

(3)NULL|NOT NULL:是否为空值。

(4)字段的数据类型、宽度和小数位及说明,如表5-1所示。

表5-1　字段的数据类型、宽度和小数位及说明

| 字段类型 | 宽度 | 小数位 | 说明 |
|---|---|---|---|
| C | 254 | | 字符型 |
| Y | 8 | | 货币型 |
| N | 20 | d | 数值型 |
| F | 20 | d | 浮动型 |
| D | 8 | | 日期型 |
| T | 8, 6 | | 日期时间型 |
| B | 8 | d | 双精度 |
| I | 4 | | 整型 |
| L | 1 | | 逻辑型 |
| M | 4 | | 备注型 |
| G | 4 | | 通用型 |

提示:d表示可以设置小数位。

因此,创建如上表的命令如下:

```
CREATE TABLE xscj;
(学号 C(6), 姓名 C(8), 语文 N(5,1), 数学 N(5,1), 英语 N(5,1),VB N(5,1),VF N(5,
1), 网络 N(5, 1), 平均分 N(5, 1), 总分 N(5, 1));
```

## 2. 给表添加索引

(1)在Visual FoxPro环境下,在"表设计器"对话框中添加索引,或者使用INDEX ON命令创建索引。

(2)在SQL环境下,使用SQL-CREATE TABLE命令来创建索引。基本格式如下:

```
CREATE TABLE <表名>
(<字段名1> <字段类型>[ (宽度[, 小数位] ) ]
[PRIMARY KEY|UNIQUE]
[, <字段名2>…]…)
```

说明:(1)PRIMARY KEY:创建主索引

(2)UNIQUE:创建候选索引。

例1:用SQL CREATE命令建立"仓库"表,字段:仓库号(C,5),面积(N,20),城市(C,20),其中,为仓库号创建主索引,面积创建候选索引。

CREATE TABLE 仓库 [仓库号 C(5) PRIMARY KEY, 面积 N(20) UNIQUE, 城市 C(20)]

### 3. 建立表时设置有效性规则

（1）在 Visual FoxPro 环境下，在"表设计器"[①] 对话框中添加有效性规则，包含规则、信息和默认值。

（2）在 SQL 环境下，使用 SQL–CREATE TABLE 命令来设置有效性规则。基本格式如下。

① 添加有效性规则。

```
CREATE TABLE <表名>
(<字段名1> <字段类型>[（宽度[，小数位]）]
[CHECK <表达式>[ERROR <提示信息>]]
[，<字段名2>…]…)
```

说明：（1）CHECK <表达式>：定义字段有效性规则。

　　　（2）ERROR <提示信息>：为字段的有效性规则设置出错提示信息。

　　　（3）ERROR 不能单独使用，必须跟在 CHECK 后面。

例 2：建立学籍表，其结构如下。

学号（C，10），姓名（C，8），出生日期（D），入学成绩（N，6，1），要求入学成绩在 400 分以上，否则显示出错提示"入学成绩出错，请重新输入！"。

```
CREATE TABLE 学籍（学号 C（10），姓名 C（8），出生日期（D），入学成绩 N（4，1）;
CHECK 入学成绩>400  ERROR "入学成绩出错，请重新输入！"）。
```

② 添加默认值。

```
CREATE TABLE <表名>
(<字段名1> <字段类型>[（宽度[，小数位]）]
[DEFAULT <表达式>]
[，<字段名2>…]…)
```

说明：DEFAULT <表达式>，为字段指定默认值。

例 3：建立仓库表，表结构如下。

仓库号（C，5），仓库名称（C，8），入库日期（D），其中入库日期字段添加默认值为 2017 年 12 月 27 日。

```
CREATE TABLE 仓库（仓库号 C（5），仓库名称 C（8），入库日期 D DEFAULT ;{^2017/12/27}）
```

### 4. 创建表间的关联

（1）在 Visual FoxPro 环境中，使用数据库管理器创建表间的关联或使用 SET RELATION 命令创建临时关联。

（2）在 SQL 环境中，使用 SQL–CREATE 命令创建表间的关联。基本格式如下：

```
CREATE TABLE <表名>
(<字段名1> <字段类型>[（宽度[，小数位]）]
[PRIMARY KEY|UNIQUE] [REFERENCES <表名2> [TAG <标记>]]
[，<字段名2>…]
[，FOREIGN KEY <表达式> TAG <标记> REFERENCES <表名3> [TAG <标记>]]）
```

---

① 在项目 3 中有讲到表设计器。详情见项目 3 表的创建。

说明：（1）REFERENCES：建立表之间的关联。

（2）FOREIGN KEY：建立普通索引。

例 4：建立学生表（学号（C，6），姓名（C，8），入学成绩（N，5，1）），设置学号为候选索引，姓名为主索引并与成绩表的学号建立关联（成绩表学号已经建立主索引）。

SQL 中建
表时建关联

```
CREATE TABLE 学生（学号 C（6）UNIQUE REFERENCES 成绩，姓名 C（8）；PRIMARY KEY，
入学成绩 N（5，1））
```

例 5：建立学籍表（姓名（C，8），性别（C，2），年龄 I），并与例 4 学生表创建关联。

```
CREATE TABLE 学籍（姓名 C（8），性别 C（2），年龄 I，FOREIGN KEY 姓名 TAG；姓名
REFERENCES 学生）
```

显示结果如图 5-2 所示。

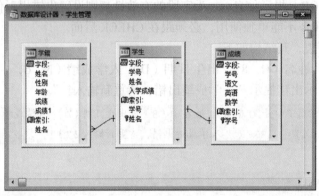

图 5-2　显示结果

命令综合格式如下：

```
CREATE TABLE <表名> [FREE]
(<字段名 1> <字段类型>[（宽度 [，小数位 ]）]
[NULL|NOT NULL]
[PRIMARY KEY|UNIQUE] [REFERENCES <表名 2> [TAG <标记>]]
[CHECK <表达式>[ERROR <提示信息>]]
[DEFAULT <表达式>]
[，<字段名 2>…]…
[，FOREIGN KEY <表达式> TAG <标记> REFERENCES <表名 3> [TAG <标记>]]）
```

【提示】

自由表不能创建主索引、有效性规则及表间的关联。

【练一练】

上机操作：创建一个学生表，表结构如下。

姓名（C，12），性别（C，2），出生日期（D），入学成绩（N，5，1）

## 5.1.2　修改表结构

SQL–ALTER 命令主要是对表中的字段名、字段类型、宽度、有效性规则、默认值、主

关键字及表间关系等进行修改。

## 1. 对字段部分的修改

（1）在"表设计器"对话框中的"字段"选项卡中修改字段的类型、宽度、有效性规则等。

（2）使用 SQL-ALTER 命令进行设置，基本命令格式如下。

①增加字段及相关有效性规则和索引。

命令格式如下：

```
ALTER TABLE <表名>
ADD [COLUMN]<字段名> <字段类型>[（宽度[，小数位]）]
[PRIMARY KEY|UNIQUE]
[CHECK <表达式> [ERROR <提示信息>]] [DEFAULT <表达式>]
```

【提示】

　　COLUMN：可选项，表示一个列。

例 6：给学生表添加成绩字段（N，3），并要求成绩不低于 60 分。

```
ALTER TABLE 学生 ADD 成绩 N（3）CHECK 成绩 >=60
```

②修改字段名。

命令格式如下：

```
ALTER TABLE <表名>
RENAME [COLUMN]<旧字段名> TO <新字段名>
```

例 7：将学生表中的入学成绩改为成绩。

　　　　ALTER TABLE 学生 RENAME COLUMN 入学成绩 TO 成绩

③修改字段类型及宽度。

命令格式如下：

```
ALTER TABLE <表名>
ALTER [COLUMN]<字段名> <字段类型>[（宽度[，小数位]）]
```

例 8：将学生表中的性别的长度由 4 改为 2。

```
ALTER TABLE 学生 ALTER 性别 C（2）
```

④删除已有字段。

命令格式如下：

```
ALTER TABLE <表名>
DROP [COLUMN]<字段名>
```

例 9：删除成绩表中的语文字段。

```
ALTER TABLE 成绩 DROP 语文
```

## 2. 对有效性规则的修改

（1）在"表设计器"对话框中的"字段"选项卡中修改字段的有效性规则、索引等。

（2）使用 SQL-ALTER 命令进行设置，基本命令格式如下。

SQL 中修
改字段有
效性

①修改或定义有效性规则。

命令格式如下：

```
ALTER TABLE <表名>
ALTER [COLUMN]<字段名> SET CHECK <表达式> [ERROR<提示信息>];
ALTER [COLUMN]<字段名> SET DEFAULT<默认值>
```

例 10：将学生表的入学成绩字段的默认值改为 1200。

```
ALTER TABLE 学生 ALTER 入学成绩 SET DEFAULT 1200
```

②删除有效性规则。

命令格式如下：

```
ALTER TABLE <表名>
ALTER [COLUMN]<字段名> DROP CHECK|DEFAULT
```

例 11：删除学生表的出生日期的有效性规则。

```
ALTER TABLE 学生 ALTER 出生日期 DROP CHECK
```

## 5.1.3 删除表

（1）在项目管理器中，选择要删除的表，单击"移去"按钮。

（2）使用 SQL-DROP 命令删除相应表，命令格式如下：

```
DROP TBALE <表名>
```

说明：直接将表从磁盘中删除。

【练一练】

一、填空题

1.创建表的 SQL 命令是 _____。

2.修改表结构的 SQL 命令是 _____。修改字段类型使用命令 _____，删除字段使用命令 _____。

3.删除表的 SQL 命令是 _____。

4.创建两个表之间的一对多关联，其中一方必须创建 _____，多方创建 _____。

5.SQL 可以创建 3 种索引，分别是 _____、_____、_____。

6.在 SQL-CREATE 命令中，设置有效性规则使用命令 _____，设置字段默认值使用命令 _____，设置表间的关联使用命令 _____。

二、上机操作题

1.创建职工表，表结构如下：职工号（C，10），姓名（C，8），工龄（N，2），所在部门（C，8）。

2.给职工表增加一个字段：性别（C，2）。

3.为职工表的职工号创建主索引。

4.创建工资表，表结构如下：职工号（C，10），基本工资（N，5），津贴（N，4），给职工号创建普通索引，并与职工表建立关联。

5.将工龄的长度改为 3。

6.为工资表的基本工资字段设置默认值为 2000。

7.为职工表的工龄字段设置有效性规则，要求"工龄在 1~20 之间，否则显示工龄出错，请重新输入！"。

# 5.2　SQL数据操作

数据操作主要是对表记录进行操作，实现记录的插入、更新和删除操作。

## 5.2.1　插入记录

有如图 5-3 所示表，只有结构，但没有记录。

图 5-3　表结构

根据所给表结构，请在表中插入记录。

（1）在 Visual FoxPro 环境下，使用菜单或者使用 INSERT BLANK 、APPEND 命令给当前表插入记录。前提都需要打开表。

（2）在 SQL 环境下，使用 SQL-INSERT 命令插入相关记录，基本格式如下：

```
INSERT INTO <表名> [（<字段名 1>[，<字段名 2>，…] ) ]
VALUES（<表达式 1>[<表达式 2>，…]）
```

说明：（1）一个 INSERT INTO 命令一次只能插入一条记录。

（2）字段名与表达式必须一一对应，类型长度要与相应字段保持一致。

（3）如果使用全部字段，则可以省略字段名部分，直接按顺序依次赋给相对应的字段。

（4）在末尾插入记录。

因此，插入相应记录的命令如下。

```
INSERT INTO xscj（学号，姓名，语文，数学，英语，Vb，Vb，网络，平均分，总分）;
VALUES（"201501"，"王跃"，89，90，82，79，81，91，85.3，512）
```

等价于：

```
INSERT INTO xscj;
VALUES（"201501"，"王跃"，89，90，82，79，81，91，85.3，512）
```

使用连续的 INSERT INTO 命令可以插入多条记录，结果如图 5-4 所示。

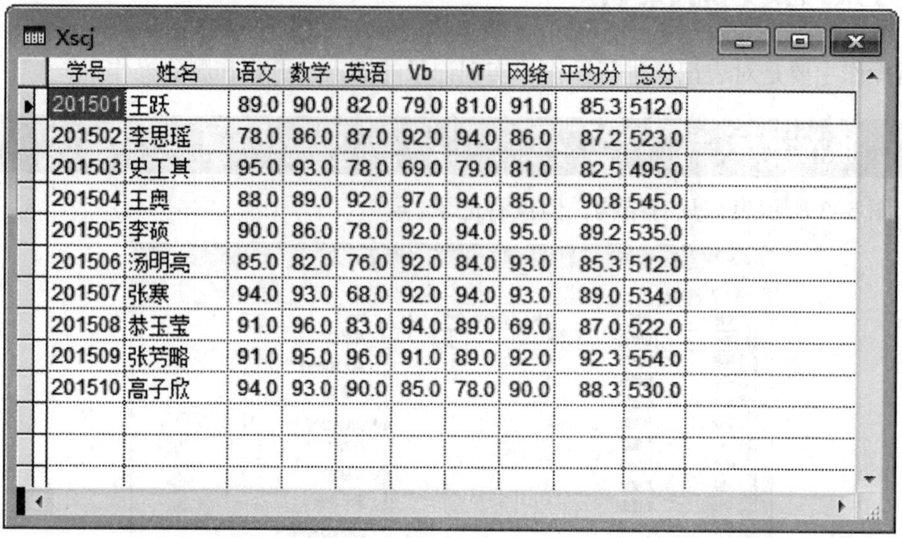

| 学号 | 姓名 | 语文 | 数学 | 英语 | Vb | Vf | 网络 | 平均分 | 总分 |
|---|---|---|---|---|---|---|---|---|---|
| 201501 | 王跃 | 89.0 | 90.0 | 82.0 | 79.0 | 81.0 | 91.0 | 85.3 | 512.0 |
| 201502 | 李思瑶 | 78.0 | 86.0 | 87.0 | 92.0 | 94.0 | 86.0 | 87.2 | 523.0 |
| 201503 | 史工其 | 95.0 | 93.0 | 78.0 | 69.0 | 79.0 | 81.0 | 82.5 | 495.0 |
| 201504 | 王奥 | 88.0 | 89.0 | 92.0 | 97.0 | 94.0 | 85.0 | 90.8 | 545.0 |
| 201505 | 李硕 | 90.0 | 86.0 | 78.0 | 92.0 | 94.0 | 95.0 | 89.2 | 535.0 |
| 201506 | 汤明亮 | 85.0 | 82.0 | 76.0 | 92.0 | 84.0 | 93.0 | 85.3 | 512.0 |
| 201507 | 张寒 | 94.0 | 93.0 | 68.0 | 92.0 | 94.0 | 93.0 | 89.0 | 534.0 |
| 201508 | 恭玉莹 | 91.0 | 96.0 | 83.0 | 94.0 | 89.0 | 69.0 | 87.0 | 522.0 |
| 201509 | 张芳略 | 91.0 | 95.0 | 96.0 | 91.0 | 89.0 | 92.0 | 92.3 | 554.0 |
| 201510 | 高子欣 | 94.0 | 93.0 | 90.0 | 85.0 | 78.0 | 90.0 | 88.3 | 530.0 |

图 5-4　表文件

## 5.2.2 更新记录

现有一个 XSDA 表，给表中所有团员的入学成绩加 5 分。结果如图 5-5 所示。

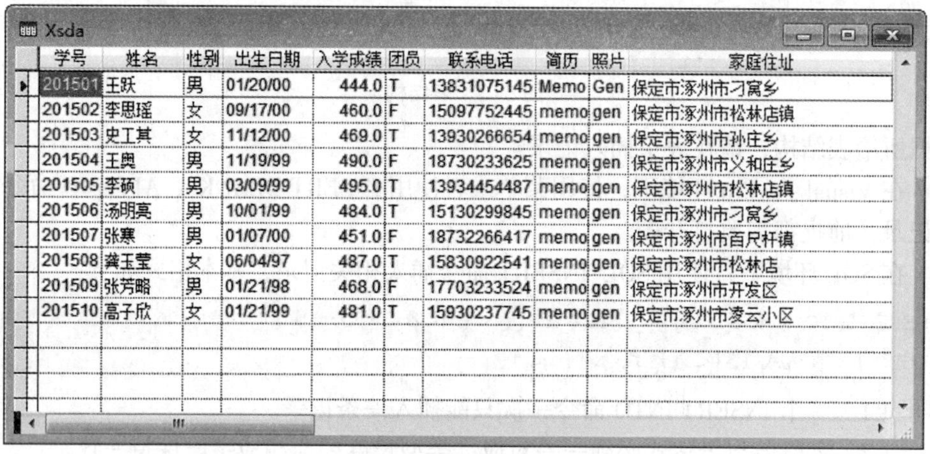

| 学号 | 姓名 | 性别 | 出生日期 | 入学成绩 | 团员 | 联系电话 | 简历 | 照片 | 家庭住址 |
|---|---|---|---|---|---|---|---|---|---|
| 201501 | 王跃 | 男 | 01/20/00 | 444.0 | T | 13831075145 | Memo | Gen | 保定市涿州市刁窝乡 |
| 201502 | 李思瑶 | 女 | 09/17/00 | 460.0 | F | 15097752445 | memo | gen | 保定市涿州市松林店镇 |
| 201503 | 史工其 | 女 | 11/12/00 | 469.0 | T | 13930266654 | memo | gen | 保定市涿州市孙庄乡 |
| 201504 | 王奥 | 男 | 11/19/99 | 490.0 | F | 18730233625 | memo | gen | 保定市涿州市义和庄乡 |
| 201505 | 李硕 | 男 | 03/09/99 | 495.0 | T | 13934454487 | memo | gen | 保定市涿州市松林店镇 |
| 201506 | 汤明亮 | 男 | 10/01/99 | 484.0 | T | 15130299845 | memo | gen | 保定市涿州市刁窝乡 |
| 201507 | 张寒 | 男 | 01/07/00 | 451.0 | F | 18732266417 | memo | gen | 保定市涿州市百尺杆镇 |
| 201508 | 龚玉莹 | 女 | 06/04/97 | 487.0 | T | 15830922541 | memo | gen | 保定市涿州市松林店 |
| 201509 | 张芳略 | 男 | 01/21/98 | 468.0 | F | 17703233524 | memo | gen | 保定市涿州市开发区 |
| 201510 | 高子欣 | 女 | 01/21/99 | 481.0 | T | 15930237745 | memo | gen | 保定市涿州市凌云小区 |

图 5-5　修改后的表文件

（1）在 Visual FoxPro 环境下，使用菜单或使用 REPLACE 命令对记录进行更新。

（2）在 SQL 环境下，使用 SQL-UPDATE 命令，对记录进行更新。基本格式如下：

```
UPDATE 表名 SET 字段名 1= 表达式 1[, 字段名 2= 表达式 2… ][WHERE <条件>]
```

提示：（1）该命令的功能是更新满足条件的记录。

（2）如果默认条件，则默认更新表中全部记录。

因此，完成上述操作，应输入以下命令。

```
UPDATE  XSDA  SET 入学成绩 = 入学成绩 +5  WHERE 团员 =.T.
```

结果如图 5-6 所示。

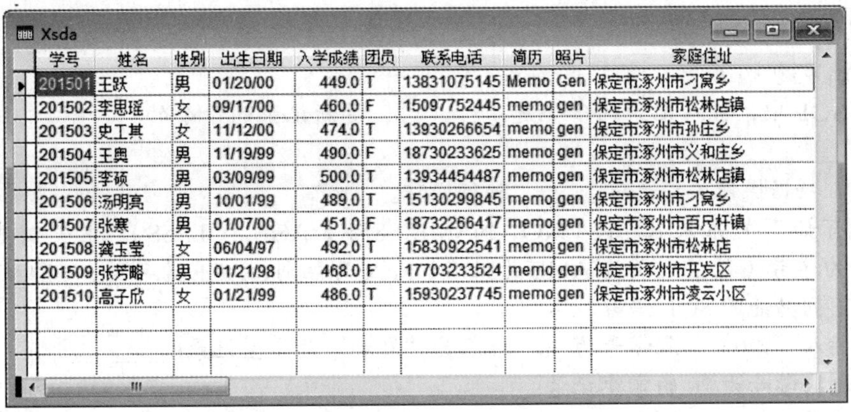

Xsda

| 学号 | 姓名 | 性别 | 出生日期 | 入学成绩 | 团员 | 联系电话 | 简历 | 照片 | 家庭住址 |
|---|---|---|---|---|---|---|---|---|---|
| 201501 | 王跃 | 男 | 01/20/00 | 449.0 | T | 13831075145 | Memo | Gen | 保定市涿州市刁窝乡 |
| 201502 | 李思瑶 | 女 | 09/17/00 | 460.0 | F | 15097752445 | memo | gen | 保定市涿州市松林店镇 |
| 201503 | 史工其 | 女 | 11/12/00 | 474.0 | T | 13930266654 | memo | gen | 保定市涿州市孙庄乡 |
| 201504 | 王奥 | 男 | 11/19/99 | 490.0 | F | 18730233625 | memo | gen | 保定市涿州市义和庄乡 |
| 201505 | 李硕 | 男 | 03/09/99 | 500.0 | T | 13934454487 | memo | gen | 保定市涿州市松林店镇 |
| 201506 | 汤明亮 | 男 | 10/01/99 | 489.0 | T | 15130299845 | memo | gen | 保定市涿州市刁窝乡 |
| 201507 | 张寒 | 男 | 01/07/00 | 451.0 | F | 18732266417 | memo | gen | 保定市涿州市百尺杆镇 |
| 201508 | 龚玉莹 | 女 | 06/04/97 | 492.0 | T | 15830922541 | memo | gen | 保定市涿州市松林店 |
| 201509 | 张芳略 | 男 | 01/21/98 | 468.0 | F | 17703233524 | memo | gen | 保定市涿州市开发区 |
| 201510 | 高子欣 | 女 | 01/21/99 | 486.0 | T | 15930237745 | memo | gen | 保定市涿州市凌云小区 |

图 5-6　修改后的表文件

## 5.2.3　删除记录

当不需要某些记录的时候，需要将其删除掉，减少内存空间的占用。

想要删除 XSCJ 表中所有总分在 500 分以下的记录。

（1）在 Visual FoxPro 环境下，使用菜单或使用 DELETE、PACK、ZAP 命令实现记录的删除。

（2）在 SQL 环境下，使用 SQL-DELETE 命令进行删除。基本格式如下：

```
DELETE FROM <表名> [WHERE <条件>]
```

说明：该命令的功能是逻辑删除所有满足条件的记录。

**【提示】**

物理删除配合 PACK 使用。

因此，完成上述操作，应输入以下命令。

```
DELETE  FROM  XSCJ  WHERE  总分 <=500
```

结果如图 5-7 所示。

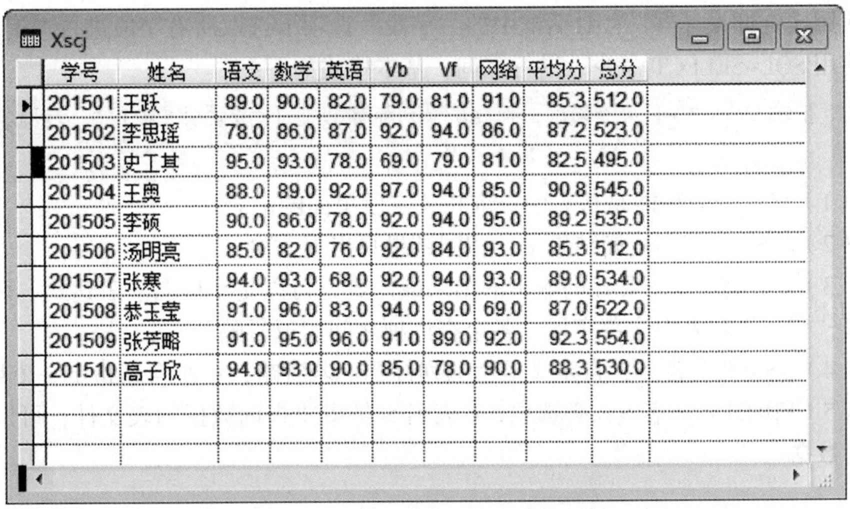

Xscj

| 学号 | 姓名 | 语文 | 数学 | 英语 | Vb | Vf | 网络 | 平均分 | 总分 |
|---|---|---|---|---|---|---|---|---|---|
| 201501 | 王跃 | 89.0 | 90.0 | 82.0 | 79.0 | 81.0 | 91.0 | 85.3 | 512.0 |
| 201502 | 李思瑶 | 78.0 | 86.0 | 87.0 | 92.0 | 94.0 | 86.0 | 87.2 | 523.0 |
| 201503 | 史工其 | 95.0 | 93.0 | 78.0 | 69.0 | 79.0 | 81.0 | 82.5 | 495.0 |
| 201504 | 王奥 | 88.0 | 89.0 | 92.0 | 97.0 | 94.0 | 85.0 | 90.8 | 545.0 |
| 201505 | 李硕 | 90.0 | 86.0 | 78.0 | 92.0 | 94.0 | 95.0 | 89.2 | 535.0 |
| 201506 | 汤明亮 | 85.0 | 82.0 | 76.0 | 92.0 | 84.0 | 93.0 | 85.3 | 512.0 |
| 201507 | 张寒 | 94.0 | 93.0 | 68.0 | 92.0 | 94.0 | 93.0 | 89.0 | 534.0 |
| 201508 | 恭玉莹 | 91.0 | 96.0 | 83.0 | 94.0 | 89.0 | 69.0 | 87.0 | 522.0 |
| 201509 | 张芳略 | 91.0 | 95.0 | 96.0 | 91.0 | 89.0 | 92.0 | 92.3 | 554.0 |
| 201510 | 高子欣 | 94.0 | 93.0 | 90.0 | 85.0 | 78.0 | 90.0 | 88.3 | 530.0 |

图 5-7　逻辑删除记录后的表文件

# 5.3 SQL数据查询

SQL 的核心是查询。而 SQL 查询主要使用 SELECT 命令来完成。SQL 具有使用灵活、简便、功能强大等功能。但同时结构也比较复杂。因此, 下面按功能分别进行介绍。

## 5.3.1 简单查询

SQL–SELECT 的简单查询, 主要是查找相应的字段及里面的内容。

(1) 使用 "查询设计器"[①] 对话框中的 "字段" 选项卡选取所有字段进行查询。

(2) 使用 SQL–SELECT 命令, 进行查询。基本格式如下:

```
SELECT [<DISTINCT>] <查询项1> [AS <列标题1>] [<查询项2> [AS <列标题2>], …]
FROM <表名>
```

说明: (1) 该命令的功能是从表中查询相关字段里面的记录。

(2) DISTINCT: 查询结果中, 相同结果只出现一次。

(3) <查询项>: 要查询输出的结果或内容, 可以是字段名、表达式、函数。可以使用通配符 "*", 表示表中全部字段。各个查询项之间用逗号隔开。

(4) AS <列标题>: 自定义显示的列标题。若省略, 系统自动指定一个列标题。

(5) FROM <表名>: 必选项, <表名> 是指要查询数据的表文件, 可以同时查询多个表中的数据。

---

① 查询设计器在项目 4 涉及, 详情请见项目 4。

例 12：查询 XSDA 表中所有记录。

```
SELECT * FROM XSDA
```

例 13：查询 XSDA 表中所有学生的学号、姓名和出生日期字段，并去掉重复元组。

```
SELECT DISTINCT 学号，姓名，出生日期 FROM XSDA
```

例 14：查询 XSCJ 表中所有学生的学号，姓名和文总。

```
SELECT 学号，姓名，语文 + 数学 + 英语 AS 文总 FROM XSCJ
```

查询结果如图 5-8 所示。

| 学号 | 姓名 | 文总 |
|---|---|---|
| 201501 | 王跃 | 261.0 |
| 201502 | 李思瑶 | 251.0 |
| 201503 | 史工其 | 266.0 |
| 201504 | 王奥 | 269.0 |
| 201505 | 李硕 | 254.0 |
| 201506 | 汤明亮 | 243.0 |
| 201507 | 张寒 | 255.0 |
| 201508 | 恭玉莹 | 270.0 |
| 201509 | 张芳略 | 282.0 |
| 201510 | 高子欣 | 277.0 |

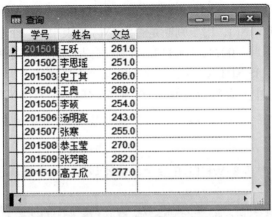

图 5-8　查询结果

## 5.3.2　条件查询

设定查询的条件，检索满足条件的记录。

请大家从 XSDA 表中查询所有性别为“女”的学生的信息。

（1）使用“查询设计器”对话框中的“筛选”选项卡设定条件进行相关查询。

（2）使用 SQL-SELECT 命令，进行查询。基本格式如下：

```
SELECT [<DISTINCT>] <查询项 1> [AS <列标题 1>] [<查询项 2> [AS <列标题 2>]，…]
FROM <表名> [WHERE <条件> ]
```

**【提示】**

WHERE <条件> 指定要查询的条件，最后结果为一个逻辑值。

因此，要完成上述操作应输入以下命令。

```
SELECT * FROM XSDA WHERE 性别 =" 女 "
```

结果如图 5-9 所示。

| 学号 | 姓名 | 性别 | 出生日期 | 入学成绩 | 团员 | 联系电话 | 简历 | 照片 | 家庭住址 |
|---|---|---|---|---|---|---|---|---|---|
| 201502 | 李思瑶 | 女 | 09/17/00 | 460.0 | F | 15097752445 | memo | gen | 保定市涿州市松林店镇 |
| 201503 | 史工其 | 女 | 11/12/00 | 469.0 | T | 13930266654 | memo | gen | 保定市涿州市孙庄乡 |
| 201508 | 龚玉莹 | 女 | 06/04/97 | 487.0 | T | 15830922541 | memo | gen | 保定市涿州市松林店 |
| 201510 | 高子欣 | 女 | 01/21/99 | 481.0 | T | 15930237745 | memo | gen | 保定市涿州市凌云小区 |

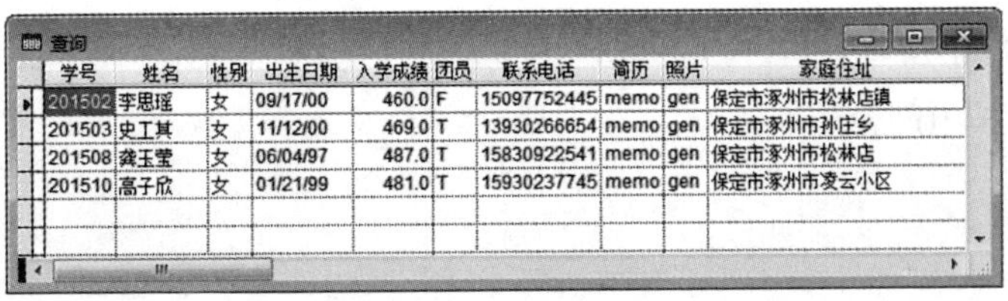

图 5-9　条件查询结果

在条件查询中，可以出现多条件查询，也有一些特殊的条件运算符。下面就带大家一起来认识一下条件中的常用的运算符：

（1）关系运算符：=、<>、>、>=、<、<=、!=、<>。

（2）逻辑运算符：NOT、AND、OR，主要用于各个条件之间的联接。

（3）指定区间：BETWEEN…AND…，用于判断是否在 BETWEEN 指定的范围内，包含界值。例如，"年龄 >=10 AND 年龄 <=20" 等价于 "年龄 BETWEEN 10 AND 20"。

（4）格式匹配：LIKE "字符表达式"，用于判断数据是否符合 LIKE 指定的字符串格式。LIKE 中的通配符："%" 代表零个或多个字符，"_" 代表一个字符。例如：查找姓名中第二个字符为 "海" 的可写为 "LIKE '_ 海 %'"。

（5）包含：IN( )、NOT IN( )，用于判断是否为 IN( ) 列表中的一个。例如：学号 IN（"001"，"002"，"003"），判断学号是否是列表中所出现过的一个。

（6）空值：IS NULL、IS NOT NULL，用来判断某个字段值是否为空值。

例 15：查询 XSCJ 表中所有数学成绩在 60~80 分之间的所有团员的信息。

```
SELECT * FROM XSCJ WHERE 数学 BETWEEN 60 AND 80 AND 团员 =.T.
```

【提示】

以上所有的运算符都用在 WHERE 后面，结果都返回一个逻辑值。

## 5.3.3　统计查询

统计查询就是对函数的运用。认识 SQL 中常用的一些函数及其基本用法。

（1）COUNT（DISTINCT 字段名）：统计数目。

COUNT（*）：统计表中所有元组个数。

（2）SUM（[DISTINCT] 数值表达式）：求和。

（3）AVG（[DISTINCT] 数值表达式）：求平均值。

（4）MAX（表达式）：求最大值。

（5）MIN（表达式）：求最小值。

【提示】

（1）若计算时加 DISTINCT 选项，则相同记录只有一条参加运算。

（2）SUM 与 AVG 后的表达式必须是数值型数据。

（3）写在 SELECT 之后，可以用 AS 给计算结果指定一个新字段名。

例 16：查询成绩表中的语文最高分和数学最低分。

```
SELECT MAX（语文）AS 最高分, MIN（数学）AS 最低分 FROM 成绩
```

例 17：统计 XSCJ 表中的人数并计算出总分的平均分。

```
SELECT COUNT（*）, AVG（总分）FROM XSCJ
```

查询结果如图 5-10 所示。

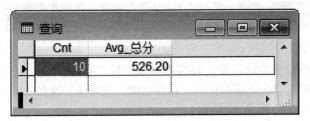

图 5-10　查询结果

## 5.3.4　分组查询

分组查询就是对查询结果进行分组，一般可以配合函数使用。

查询学籍表中每个专业的平均分。

（1）在"查询设计器"对话框中的"分组依据"选项卡中进行分组。

（2）使用 SQL-SELECT 命令进行查询分组，基本命令格式如下：

```
SELECT [<DISTINCT>]
<查询项1> [AS <列标题1>] [<查询项2> [AS <列标题2>],…]
FROM <表名>
GROUP BY [分组项1[,分组项2] [HAVING <条件>]]
```

说明：（1）HAVING 对分组进行条件限定，且 HAVING 总是跟在 GROUP BY 后面，不能单独使用。

（2）GROUP BY 后面不允许是表达式，如果要按表达式进行分组，则可以使用该表达式的列标题或排列序号。

（3）HAVING 与 WHERE 不冲突，执行顺序为先 WHERE 条件限定，然后用 GROUP BY 分组，最后使用 HAVING 限定分组条件。

（4）分组项也要当作字段输出。

因此，为完成以上操作，应输入以下命令。

```
SELECT 专业,AVG（成绩）FROM 学籍 GROUP BY 专业
```

查询结果如图 5-11 所示。

图 5-11　分组查询结果

例 18：检索学生表中除"商务英语"专业之外的，每个学生的学号、姓名和平均成绩。

```
SELECT 学号,姓名,AVG（成绩）AS 平均成绩 FROM 学生;
WHERE 专业!="商务英语" GROUP BY 学号
```

## 5.3.5　查询排序

排序查询是对查询结果进行排序，方便浏览、查找。

查询 XSCJ 表中所有学生的信息，并按数学成绩降序排序。

（1）使用"查询设计器"对话框中的"排序依据"选项卡，选择"排序"字段按降序排序。

（2）使用 SQL-SELCECT 命令进行排序，基本格式如下：

```
SELECT [DISTINCT] [TOP N [PERCENT]]
<查询项1> [AS <列标题1>] [<查询项2> [AS <列标题2>],…]
FROM <表名>
ORDER BY 排序项1[ASC|DESC] [，排序项2] [ASC|DESC]…]
```

说明：（1）ASC 表示字段升序排序，默认为 ASC。

（2）DESC 表示字段降序排序。

（3）TOP N 表示显示前 N 条记录。加 PERCENT 表示显示前百分之 N 条记录。必须先排序才能使用 TOP。

（4）若多个排序项，则先按第一个排序项排序；如果第一个排序项出现相同的记录，则按第二个排序项排序，其后以此类推。

（5）排序项不能是表达式，如果要按表达式进行排序，则可以使用该表达式的列标题或排列序号。

因此，为完成上述操作，应输入以下命令。

```
SELECT * FROM XSCJ ORDER BY 总分 DESC
```

结果如图 5-12 所示。

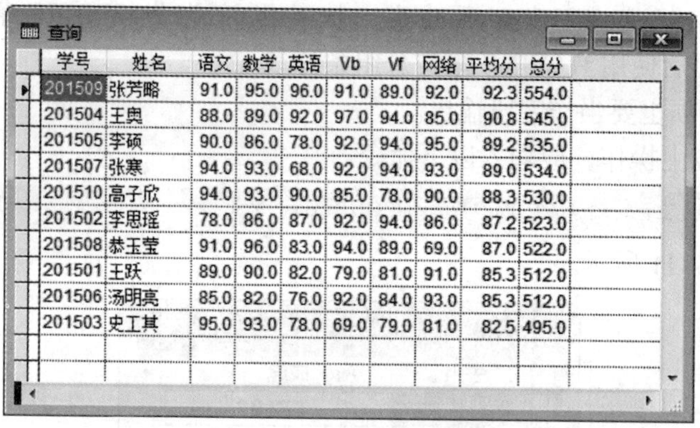

图 5-12　查询排序结果

例 19：查询学生表中所有入学成绩前十名的学生的学号、姓名、性别、入学成绩的信息。

```
SELECT TOP10 学号，姓名，性别，入学成绩 FROM 学生 ORDER BY 4 DESC
```

## 5.3.6　多表查询

有时候查询的字段涉及多个表，这时候就要用到多表查询。

查询 XSDA 表中的学号、姓名、出生日期及 XSCJ 表中相对应的各科成绩。

（1）在"查询设计器"对话框中的"联接"选项卡中设置联接条件。

（2）使用 SQL-SELECT 命令的 WHERE 命令，设置联接条件，基本格式如下：

```
SELECT [<DISTINCT>] <查询项 1> [AS <列标题 1>] [<查询项 2> [AS <列标题 2>], …]
FROM <表名> [WHERE <条件> ] AND [<联接条件>]
```

说明:（1）联接条件的书写格式：表名 1. 公共字段名 = 表名 2. 公共字段名。

（2）显示公共字段名时需要加表名限定。

要完成上述功能，应输入以下命令。

```
SELECT XSDA. 学号, XSDA. 姓名, 出生日期, 语文, 数学, 英语, 专业综合 FROM XSDA, XSCJ
WHERE XSDA. 学号 =XSCJ. 学号
```

（3）在 SQL-SELECT 中使用 JOIN 命令对两个表进行联接。基本格式如下：

```
SELECT [<DISTINCT>] <查询项 1> [AS <列标题 1>] [<查询项 2> [AS <列标题 2>], …] FROM <
表名 1> [INNER|LEFT|RIGHT|FULL]① JOIN <表名 2> ON <表名 1. 公共字段名 = 表名 2. 公共字段名>
```

**【提示】**

默认为内部连接。

完成上述任务，应输入以下命令。

```
SELECT XSDA. 学号, XSDA. 姓名, 出生日期, 语文, 数学, 英语, 专业综合 FROM XSDA JOIN
XSCJ ON XSDA. 学号 =XSCJ. 学号
```

查询结果如图 5-13 所示。

查询

| 学号 | 姓名 | 出生日期 | 语文 | 数学 | 英语 | 总分 |
|---|---|---|---|---|---|---|
| 201501 | 王跃 | 01/20/00 | 89.0 | 90.0 | 82.0 | 512.0 |
| 201502 | 李思瑶 | 09/17/00 | 78.0 | 86.0 | 87.0 | 523.0 |
| 201503 | 史工其 | 11/12/00 | 95.0 | 93.0 | 78.0 | 495.0 |
| 201504 | 王奥 | 11/19/99 | 88.0 | 89.0 | 92.0 | 545.0 |
| 201505 | 李硕 | 03/09/99 | 90.0 | 86.0 | 78.0 | 535.0 |
| 201506 | 汤明亮 | 10/01/99 | 85.0 | 82.0 | 76.0 | 512.0 |
| 201507 | 张寒 | 01/07/00 | 94.0 | 93.0 | 68.0 | 534.0 |
| 201508 | 龚玉莹 | 06/04/97 | 91.0 | 96.0 | 83.0 | 522.0 |
| 201509 | 张芳略 | 01/21/98 | 91.0 | 95.0 | 96.0 | 554.0 |
| 201510 | 高子欣 | 01/21/99 | 94.0 | 93.0 | 90.0 | 530.0 |

图 5-13 查询结果

## 5.3.7 嵌套查询

嵌套查询是一个 SELECT 查询里面包含一个 SELECT 子查询。

查询“1996 年”以前出生的学生各科的考试成绩。

（1）使用 IN 进行嵌套查询。

命令格式如下：

① 联接方式，项目 4 查询设计器中出现过。

```
SELECT [<DISTINCT>] <查询项1> [AS <列标题1>] [<查询项2> [AS <列标题2>],…]
FROM <表名1> WHERE 条件 [NOT] IN（SELECT <查询项> FROM <表名1> [WHERE <条件>]）
```

【提示】

外查询里的 WHERE 条件应与 IN 后面的查询项保持一致。

完成上述任务，应输入以下命令。

```
SELECT * FROM XSCJ WHERE 学号 IN（SELECT 学号 FROM XSDA WHERE YEAR（出生日期）
<=1996）
```

查询结果如图 5-14 所示。

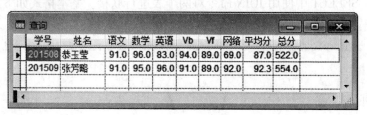

图 5-14  查询结果

（2）使用 EXISTS 进行嵌套查询。

命令格式如下：

```
SELECT [<DISTINCT>] <查询项1> [AS <列标题1>] [<查询项2> [AS <列标题2>],…]
FROM <表名1> WHERE [NOT] EXISTS（SELECT * FROM <表名1> [WHERE <条件>]）
```

【提示】

EXISTS 表示检查是否返回了一行数据，结果为 .T. 或 .F.。

使用 EXISTS 完成，应输入以下命令。

```
SELECT * FROM XSCJ WHERE EXISTS（SELECT * FOMR XSDA WHERE YEAR（出生日期）
<=1996）
```

## 5.3.8  合并查询

合并查询是将两个或两个以上的 SELECT 查询结果合并成一个结果。基本格式如下：

```
SELECT [<DISTINCT>] <查询项1> [AS <列标题1>] [<查询项2> [AS <列标题2>],…]
FROM <表名1> WHERE <条件>;
    UNION;
SELECT [<DISTINCT>] <查询项1> [AS <列标题1>] [<查询项2> [AS <列标题2>],…]
FROM <表名2> WHERE <条件>
```

说明：（1）使用 UNION 运算符组合两个查询。

（2）所有查询中的字段个数和字段顺序必须相同。

（3）对应字段的数据类型必须兼容。

（4）使用 UNION 将多个查询结果合并起来时，系统自动去掉重复记录。

例 20：从 XSDA 表中查找所有 "1995" 和 "1996" 年出生的学生的信息。

```
SELECT 学号，姓名，出生日期 FROM XSDA WHERE YEAR（出生日期）=1995；
UNION；
SELECT 学号，姓名，出生日期 FROM XSDA WHERE YEAR（出生日期）=1996
```

## 5.3.9  查询去向

查询完毕之后，可以将查询结果以不同形式保存输出。

（1）使用查询设计器创建查询，在"查询去向"对话框中选择查询输出方式。输出方式提供了 7 种。

（2）使用 SQL-SELECT 命令选择查询去向，基本输出格式如下：

```
SELECT [<DISTINCT>] <查询项 1> [AS <列标题 1>] [<查询项 2> [AS <列标 2>],…]
FROM <表名> [INTO <目标>|TO <目标>]
```

说明：（1）默认的查询去向为浏览方式。

（2）INTO|TO 后所跟的查询方式如表 5-2 所示。

表 5-2  INTO|TO 后所跟的查询方式

| 输出选项 | | 含义 |
|---|---|---|
| INTO | ARRAY< 数组 > | 将结果保存到一个二维数组中 |
| | CURSOR< 表名 > | 将结果保存到一个临时表中 |
| | DBF< 表名 > | 将结果保存到表中 |
| | TABLE< 表名 > | |
| TO | FILE< 文本文件名 >[ADDITIVE] | 将结果保存到指定的文本文件中。ADDITIVE：不覆盖原文件内容，将结果追加到原文件尾 |
| | PRINTER  [PROMPT] | 将结果从打印机上打印出来。PROMPT：打印输出之前先打开"打印"对话框 |
| | SCREEN | 将结果显示在屏幕上 |

综合以上各类查询，查询总格式如下：

```
SELECT [<DISTINCT>] [TOP N [PERCENT]]<查询项 1> [AS <列标题 1>] [<查询项 2> [AS
<列标题 2>],…] FROM <表名> [WHERE <条件> ] AND [<联接条件>]
GROUP BY [分组项 1,[分组项 2] [HAVING <条件>]]
ORDER BY 排序项 1[ASC|DESC] [,排序项 2] [ASC|DESC]…]
[INTO <目标>|TO <目标>]
```

**一、填空题**

1. SQL 的核心是 _____。

2. 在 SQL-SELECT 语句中，表示条件表达式用 WHERE 子句，分组用 _____ 子句，排序用 _____ 子句。

3. SQL-SELECT 语句与查询设计器实现的功能一样，其中 SQL-SELECT 中的 SELECT 短语与 _____ 选项卡对应，JOIN ON 实现 _____ 选项卡的功能，WHERE 实现 _____ 选项卡的功能，GORDER BY 与 _____ 选项卡对应，GROUP BY 与 _____ 选项卡对应，_____ 实现杂项选项卡的功能，FROM 短语选择创建查询的 _____。

4. 使用 TOP 短语必须要先 _____。

5. 在 SQL 中，字符串匹配运算符用 _____；匹配符 _____ 表示零个或多个字符，_____ 表示任何一个字符。

6. 在 SQL-SELECT 中用于计算机检索的函数有 COUNT、_____、_____、MAX 和 _____。

7. 用 SQL 语句实现查找"教师"表中"工资"低于 2000 元且大于 1000 元的所有记录：SELECT FROM 教师 WHERE 工资 <2000_____ 工资 >1000。

**二、上机操作题**（以下操作都是基于 XSCJ 表与 XSDA 表）

1. 查询 XSDA 表中所有入学成绩在 500 分以上且是团员的学生的学号、姓名、性别和入学成绩。

2. 查询 XSCJ 表中所有语文优秀的姓名、总分和平均分字段。

3. 查询表中学号、姓名、入学成绩和总分字段并按出生日期降序排序。

4. 查询 XSCJ 表中的所有信息，并按语文升序排序，如果语文相同则按数学降序排序

5. 查询 XSDA 表中每个专业的最高分和最低分。

6. 查询 XSDA 表中所有的英语专业的学生的学号、学生姓名和出生日期，并按出生日期降序排序。

7. 查询表中所有团员的学号、姓名、语文、数学和总分，且总分在 300 分以上的学生信息。

# ‖‖‖‖‖‖‖‖‖‖‖‖‖‖‖‖ 巩固提升 ‖‖‖‖‖‖‖‖‖‖‖‖‖‖‖‖

**一、选择题**

在 Visual FoxPro 中，使用 SQL-Select 中的 SELECT 命令进行条件查询时，WHERE 条件中可以使用 LIKE 进行格式匹配，LIKE 格式中的字符串可以使用通配符，下面的字符中用来代表多个字符的是（　　）。

A. &　　　　　B. %　　　　　C. _　　　　　D. +

**二、根据已知的环境与题意，写出相应的 Visual FoxPro 操作命令或 SQL 语句，每小题按要求用一条命令或语句完成**

1. 已知数据库文件 STU_INFO.dbc，包括两个数据库表："学生"表和"班级"表，

表结构如下。

"班级"表:班级号（C,6），班级名称（C,10），班级人数（N,2,0），辅导员（C,8）

"学生"表：班级号（C, 6），学号（C, 4），姓名（C, 8），性别（C, 2），出生日期（D），籍贯（C, 20），入学成绩（N, 5, 1）。该数据库已经打开，并且在当前工作区中打开了"学生"表，完成以下操作。

（1）将"学生"表中所有"班级号"是"201001"的学生的"入学成绩"加 10 分。（用 Visual FoxPro 命令）

（2）使用"学生"表，建立以"出生日期"为关键字，索引名为"生日"的升序的唯一索引，复合索引文件名为 DA.cdx。（用 Visual FoxPro 命令）

（3）查询"学生"表中"籍贯"是"上海"的学生的班级号、学号、姓名和籍贯字段，按"班级号"升序输出。（用 SQL 语句）

（4）在"班级"表中增加"入学日期"字段，字段类型为日期型。（用 SQL 语句）

（5）逻辑删除"学生"表中所有出生日期在 1990 年前（不包括 1990）的记录。（用 SQL 语句）

2. 现有数据库 ZGGL，其中包含表"职工.dbf"和"工资.dbf"，其中表"职工.dbf"有字段：系部名称（C,20），姓名（C,8），职工号（C,9），性别（C,2），职称（C,8），年龄（N,2）；表"工资.dbf"有字段：职工号（C,9），基本工资（N,7,2），津贴（N,7,2），扣款（N,7,2）。在相应数据库和表已打开的前提下，写出完成下述功能的命令。

（1）将所有系部名称为"计算机系"的职工的年龄加 1。（用 Visual FoxPro 命令）

（2）以系部名称+年龄降序建立唯一索引的复合索引，索引名为 XN，索引文件名为 XB.cdx。（用 Visual FoxPro 命令）

（3）查询系部名称为"数理系"的职工的姓名、基本工资、津贴，结果保存在表 SLX.dbf 中。（用 SQL 语句）

（4）计算每个系部职工的平均年龄，并显示在屏幕上。（用 SQL 语句）

（5）删除"职工.dbf"表中所有年龄大于 55（不包括 55）的记录。（用 SQL 语句）

3. 现有数据库 BOOKGL.dbc，其中包含表"books.dbf"，表"books.dbf"的结构为：图书编号（C, 4），书名（C, 30），出版社（C, 20），出版日期（D），价格（N, 8, 2），作者（C, 10），页数（N, 4）。在相应数据库和表已打开的前提下，写出完成下述功能的命令。

（1）逻辑删除所有出版社为"清华大学出版社"、价格大于 35 的记录。（用 Visual FoxPro 命令）

（2）以"图书编号"为关键字建立降序的候选索引，索引名为 BH。（用 Visual FoxPro 命令）

（3）将表"books.dbf"中所有"页数"大于 300 的图书"价格"增加 10。（用 SQL 语句）

（4）在数据库 BOOKGL.dbc 中建立表 AUTHORS.dbf［作者编号（C, 4），作者姓名（C, 10），所在城市（C, 20），联系电话（C, 15），作者性别（C, 2）］，设置"作者编号"字段为主索引，并对"作者性别"字段的输入值限制为只能是"男"或"女"；否则提示"性别输入错误！"。（用 SQL 语句）

（5）查询 books.dbf 表中"价格"大于 28 的记录，包括"书名""出版社""价格"字

段内容，按"价格"字段降序排列，结果保存到文本文件 GAO.txt 中。（用 SQL 语句）

4. 现有数据库"GZGL.dbc"，其中包含表"gzb.dbf"，该表有以下字段：职工号（C，6），姓名（C，20），性别（C，2），年龄（N，3），基本工资（N，7，2），奖金（N，7，2），在相应数据库和表已打开的前提下，写出完成下述功能的命令（提示：只能写一条语句，多于一条不得分）。

（1）将所有年龄大于 50 的职工基本工资增加 200。（用 Visual FoxPro 命令）

（2）以"职工号"为关键字建立降序的唯一索引，索引名为 ZHG，索引文件名 ZHGGL.cdx。（用 Visual FoxPro 命令）

（3）将"gzb.dbf"表中"基本工资"字段的宽度改为 8。（用 SQL 语句）

（4）删除"gzb.dbf"表中年龄大于 60、性别为"男"的记录。（用 SQL 语句）

（5）查询统计"gzb.dbf"表中每个部门（职工号的前 3 位）职工基本工资的平均值。（用 SQL 语句）

5. 现有数据库 CUSTOMER.dbc，其中包含表"order_list.dbf"，该表有以下字段：客户号（C，6），订单号（C，6），订购日期（D），数量（I），单价（N，10，2），总金额（N，15，2）。在相应数据库和表已打开的前提下，写出完成下述功能的命令（提示：只能写一条语句，多于一条不得分）。

（1）恢复"order_list"表中被逻辑删除的记录中"数量"大于等于 1000 的记录。（用 Visual FoxPro 命令）

（2）使用"order_list"表，建立以"订单号"为关键字，名称为"订单"的降序的唯一索引，复合索引文件名为 DD.cdx。（用 Visual FoxPro 命令）

（3）建立"zgxxb"表，字段为：职工号（C，6），姓名（C，8），性别（C，2），设置"职工号"字段为主索引，并对"性别"字段建立有效性规则为："性别"字段只能填"男"或"女"，如果填入其他数据则出现提示信息"性别输入错误"。（用 SQL 语句）

（4）计算"order_list"表中"总金额"字段的值，总金额＝数量×单价。（用 SQL 语句）

（5）查询"order_list"表中"客户号"为 100001、"总金额"小于等于 10000 的记录，按"总金额"降序输出，结果保存到表"JG.dbf"中。（用 SQL 语句）

6. 现有数据库 BOOKGL.dbc，其中包含表"books.dbf"，表"books.dbf"的结构为：图书编号（C，4），书名（C，30），出版社（C，20），出版日期（D），价格（N，8，2），作者（C，10），页数（N，4）。在相应数据库和表已打开的前提下，写出完成下述功能的命令。

（1）逻辑删除图书编号第 2 个字符为 A 的并且在 2012 年以后出版的记录。（用 SQL 命令）

（2）以"出版社"为关键字，出版社相同的按照价格的降序给所有页数在 500 页以下的记录建立唯一索引，索引名为 BH。（用 Visual FoxPro 命令）

（3）将表"books.dbf"中所有"价格"大于 2000，清华大学出版社的图书改为高等教育出版社。（用 Visual FoxPro 语句）

（4）把表 AUTHORS.dbf 中书名字段的宽度改为 20，同时设置价格为 3000~5000 元，默认值为 3500。（用 SQL 命令完成）

（5）查询表 books.dbf 中每个出版社的图书总价，并按总价的降序生成 ZF.dbf 文件。（用 SQL 语句）

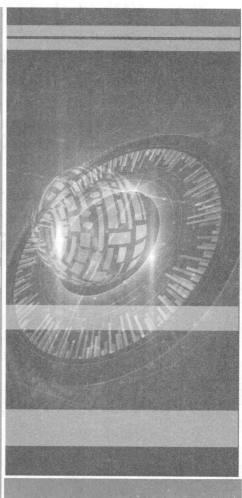

# 项目 6

## 程序设计基础

1. 能用多种方法有效地完成程序文件的建立、保存、修改与运行。
2. 能够灵活运用程序中常用命令的使用方法。
3. 能够应用结构化程序设计的基本方法编写程序。
4. 能够完成子程序、过程文件、自定义函数的编写和调用。
5. 能够分析变量的作用域及参数传递。

# 6.1 程序设计基础

程序是能够完成一定任务的命令有序集合。这些命令的集合被放在一个有特定扩展名（.prg）的文件中，这个文件称为程序文件或命令文件。

建立程序文件有3种方式：菜单方式、命令方式和项目管理器方式。

## 6.1.1 程序文件的建立、修改、保存

### 1. 程序文件的建立

（1）使用菜单方式建立程序文件。

执行"文件"→"新建"→"程序"→"新建文件"命令，如图6-1所示。

图6-1 新建程序文件

（2）使用命令方式建立程序文件。

在命令窗口输入如下命令：

```
MODIFY COMMAND [<程序文件名>]
```

或者

```
MODIFY FILE [<程序文件名>]
```

功能：打开一个程序编辑窗口，录入或修改程序，程序文件的扩展名为 .prg。

①在命令窗口中输入"MODIFY COMMAND 程序 1"，然后按回车键，如图 6-2 所示。

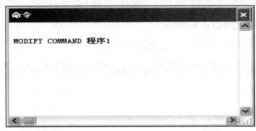

图 6-2　命令窗口

②新建程序 1 并打开窗口，如图 6-3 所示。

图 6-3　打开程序 1

（3）使用项目管理器方式建立程序文件。

执行"项目管理器"→"代码"→"程序"→"新建"命令，如图 6-4 所示。

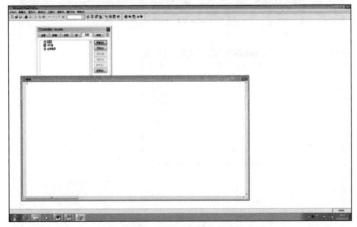

图 6-4　新建程序文件

## 2. 程序文件的修改

（1）使用菜单方式修改程序文件。

使用菜单方式修改程序的步骤如下

①选择"文件"→"打开"选项，出现"打开"对话框，如图 6-5 所示。

②在"打开"对话框中，"文件类型"选择"程序"选项，选择要编辑的程序文件名，单击"确定"按钮，即可打开程序编辑窗口。

③用户编辑修改完成后存盘退出，修改即可完成。

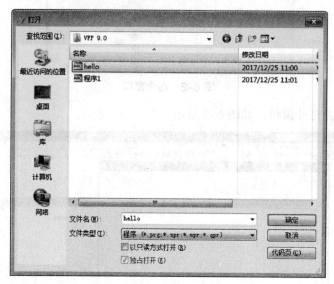

图 6-5 "打开"对话框

（2）使用命令方式修改程序文件。

命令格式如下：

```
MODIFY  COMMAND  <文件名>
```

功能：打开一个程序编辑窗口，修改程序。

（3）使用项目管理器方式修改程序文件。

执行"项目管理器"→"代码"→"程序"→"修改"命令，如图 6-6 所示。

图 6-6 使用"项目管理器"修改

## 3. 程序文件的保存

（1）执行"文件"→"保存"命令。

（2）使用 Ctrl+W 组合键。

（3）直接关闭没有保存的程序，则会弹出相应对话框，提示保存或放弃。

## 6.1.2 程序文件的运行

（1）使用菜单方式运行程序文件。

选择"程序"→"运行"选项，将出现"运行"对话框，如图 6-7 所示，从中选择要运行的程序文件，然后双击程序文件名或单击"运行"按钮即可。

图 6-7 "运行"对话框

（2）使用命令方式运行程序文件。

命令格式如下：

```
DO < 文件名 > [WITH< 参数表 >]
```

功能：运行指定的程序文件。

（3）使用项目管理器方式运行程序文件。

在项目管理器中运行某个程序文件的步骤如下。

①打开项目管理器对话框。

②切换至"全部"选项卡，打开"代码"文件夹，选择"程序"文件夹并展开，或者选择"代码"→"程序"选项并展开，选择要运行的程序文件。

③单击"运行"按钮，则执行所选的程序。

【提示】

程序在编辑过程中可随时使用运行按钮【 ▌（感叹号）】来运行调试。

1.MODIFY COMMAND 命令建立的文件的默认扩展名是（　　　）。

A. .prg　　　　　　B. .app　　　　　　C. .cmd　　　　　　D. .exe

2. 执行程序 TEMP.prg，应该执行的命令是（　　　）。

A. DO PRG TEMP. prg　　　　　　B. DO TEMP.prg

C. DO CMD TEMP.prg　　　　　　D. DO FORM TEMP.prg

3. 可以在项目管理器的 _____ 选项卡中建立程序文件。

# 6.2　程序中常用命令

## 6.2.1　清屏语句

命令格式如下：

```
CLEAR
```

功能：清除当前屏幕上所有信息，光标定位在屏幕左上角。

## 6.2.2　系统初始化命令

格式如下：

```
CLEAR ALL/ CLOSE ALL
```

功能：清除所有内存变量和数组，关闭所有打开的各类文件，选择1号工作区为当前工作区，使系统恢复到初始状态。

## 6.2.3　注释语句

为了增强程序的可读性，通常需要在程序中加上注释。

格式1如下：

```
*<注释内容>          单独作为一行
```

格式2如下：

```
NOTE<注释内容>       单独作为一行
```

格式3如下：

```
&&<注释内容>          行尾注释
```

功能：为程序行加注释说明，以增强程序文件的易读性。

例如：

```
* 欢迎程序示例
NOTE 本程序采用顺序结构设计
SET TALK OFF     && 关闭屏幕会话显示
CLEAR            && 清除屏幕
```

```
?    "欢迎来到 Visual FoxPro 9.0 编程世界！"
SET TALK ON        && 打开会话提示
RETURN             && 程序结束
```

## 6.2.4　终止程序运行的命令

格式 1 如下：

```
CANCEL
```

功能：终止程序的运行并关闭所有打开的文件、清除内存变量，返回命令窗口。

格式 2 如下：

```
QUIT
```

功能：终止程序的运行并退出 Visual FoxPro 9.0，返回到操作系统。

格式 3 如下：

```
RETURN
```

功能：结束一个程序的运行并使控制返回调用程序或交互状态。

## 6.2.5　输入命令

### 1. 赋值命令

"="与 STORE 赋值语句的区别：前者一次只能给一个内存变量赋值，后者可将一个值同时赋给多个内存变量。（详见项目 2）

### 2. 单字符输入命令

格式如下：

```
WAIT[< 提示信息 >][TO < 内存变量 >][WINDOWS][TIMEOUT< 秒数 >]
```

功能：显示提示信息，暂停程序的运行，等待用户按下键盘上的任意一个键或单击鼠标时继续执行程序。

说明：（1）若选择可选项 [TO< 内存变量 >]，将输入单个字符作为字符型数据赋给指定的 < 内存变量 >。

（2）若用户按 Enter 键或单击鼠标，则 < 内存变量 > 的值为空。

（3）若省略所有可选项，则屏幕显示"按任意键继续……"默认提示信息。

例如：

```
WAIT "谢谢使用本系统！" WINDOW
WAIT "请选择（Y/N）" TO CHOICE
WAIT  TIMEOUT  5
```

### 3. 字符串接收语句 ACCEPT

格式如下：

```
ACCEPT [< 提示信息 >]  TO < 内存变量 >
```

功能：等待用户从键盘输入字符型数据，并存入到指定的内存变量中。

说明：从键盘输入的数据只能是字符型常量。输入的字符串不需要加定界符，按回车键结束输入。

例如：编写一个程序，在"XSDA"表中按"姓名"字段查找某条记录。

程序代码如下：

```
USE XSDA
ACCEPT" 输入要查找的姓名："TO XM
LOCATE   FOR 姓名 =XM          && 查找记录
DISPLAY                        && 显示当前记录
```

此程序执行到 ACCETP 命令时，屏幕显示"输入要查找的姓名："并等待键盘输入。输入一个姓名赋给变量 XM 后，则在表中查找满足条件的记录并显示查找结果。

### 4. 多种类型数据接收语句 INPUT

格式如下：

```
INPUT   [<提示信息 >]   TO <内存变量 >
```

功能：将键盘输入的数据赋给由 < 内存变量 > 指定的内存变量。

说明：从键盘输入的数据可以是常量、变量或表达式，数据类型可以是除备注型和通用型外的所有类型。输入字符串时需要加定界符，按回车键结束输入。

例如：显示"XSDA"表中入学成绩大于某一数值的记录。

程序代码如下：

```
INPUT" 输入入学成绩：" TO CJ
SELECT * FROM  XSDA WHERE 入学成绩 >CJ
```

程序执行时屏幕显示"输入入学成绩："，输入某一数值（如输入 450）后，则显示出所有入学成绩大于这一数值的记录。

WAIT、ACCEPT、INPUT 3 条输入语句的异同如下。

（1）WAIT 命令只能输入单个字符，且不需要定界符，输入完毕不需要按回车键。

（2）ACCEPT 命令只能接受字符型数据，不需定界符输入完毕按回车键结束。

（3）INPUT 命令可接受数值型、字符型、逻辑型、日期型和日期时间型数据，数据形式可以是常量、变量、函数和表达式，如果是字符串，则需用定界符，输入完毕按回车键结束。

### 6.2.6  输出命令

（1）非结构化输出语句。

命令格式如下：

```
? |?? 〈表达式列表〉
```

功能：在下一行 | 同一行输出各表达式的值。

（2）格式化输出语句。

命令格式如下：

```
@ 行，列 SAY 〈表达式〉
```

功能：在屏幕指定位置输出一个表达式的值。

例如：

```
@ 4,10 SAY "现在是北京时间："      && 在（4,10）位置显示"现在是北京时间："
@ 6,24 SAY  datetime()          && 在（6,24）位置显示当前日期时间
```

命令输出结果如图 6-8 所示。

图 6-8　命令输出结果

【练一练】

1.INPUT、ACCEPT、WAIT 3 条命令中，可以接受字符的命令是（　　　）。

A. 只有 ACCEPT                B. 只有 WAIT

C.ACCEPT 与 WAIT            D. 三者均可

2. 执行 INPUT "请输入数据："TO XYZ 命令时，可以通过键盘输入的内容包括（　　　）。

A. 字符串                    B. 数值和字符串

C. 数值、字符串和逻辑值       D. 数值、字符串、逻辑值和表达式

3. 设内存变量 X 是数值型，要从键盘输入数据给 X 赋值，应使用命令（　　　）。

A.INPUT TO X                B.WAIT TO X

C.ACCEPT TO X              D. 以上均可

4. 在程序中，可以终止程序执行并返回到 Visual FoxPro 命令窗口的命令是（　　　）。

A.EXIT          B.QUIT          C.BYE          D.CANCEL

# 6.3　程序的基本结构

程序的基本结构有顺序结构、分支结构和循环结构。各种程序都是由这 3 种基本结构经不同组合而成的。下面分别介绍程序的 3 种基本结构。

## 6.3.1　顺序结构

顺序结构程序是最基本的程序结构，它是按照命令或语句的排列顺序依次执行，直至执

行程序中的每个命令或语句。

例 1：在"XSDA"表中查找最高入学成绩，并显示。

查找最高入学成绩程序如图 6-9 所示。

图 6-9　查找最高入学成绩程序

以文件名 S1.prg 保存该程序，然后在命令窗口输入以下命令：

```
DO  S1
```

在系统主窗口显示程序运行结果，如图 6-10 所示。

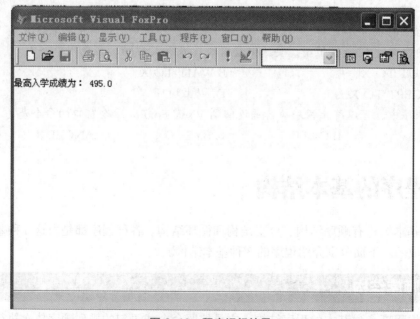

图 6-10　程序运行结果

## 6.3.2　分支结构

现实生活中许多任务往往比较复杂，经常需要根据不同的情况选择相应的解决方案。例如，用 XSCJ.dbf 中的成绩来核定每位同学各科成绩是否及格，就要根据每位同学成绩高低的不同来分别处理。这种情况反映到程序设计中，仅仅靠顺序结构程序解决起来就比较困难，这时就需要用分支结构程序来完成。

选择分支结构是根据条件的测试结果执行不同的操作。在 Visual FoxPro 中有两条命令实现条件分支：单条件选择分支结构（IF…ENDIF）和多条件选择分支结构（DO CASE…ENDCASE）。

### 1. 选择分支结构

命令格式如下：

```
IF < 条件 >
< 语句系列 1>
[ ELSE
< 语句系列 2>]
ENDIF
```

功能：当 < 条件表达式 > 的值为真时，执行 < 语句系列 1>；否则执行 < 语句系列 2>。如果没有 ELSE 的子句，则当 < 条件表达式 > 的值为假时，不进行任何操作。

说明：（1）IF 和 ENDIF 必须配对使用，缺一不可，省略 ELSE 选项，该语句结构为单选择结构。

（2）ENDIF 语句行后可以书写 < 注释 >，但要与 ENDIF 语句空格间隔。

例 2：从键盘输入一个正整数，判断其是否为偶数。

程序代码如下：

```
SET TALK OFF
CLEAR
INPUT "请输入一个正整数:"  TO X
IF INT (X/2)=X/2
    ? X, "为偶数!"
ELSE
    ? X, "为奇数!"
ENDIF
SET TALK ON
```

例 3：在 "XSCJ" 表中，查找并判断某学生的数学成绩是否及格，60 分及以上为及格，如果及格则显示 "及格"，不及格则显示 "不及格"。

程序代码如下：

```
CLEAR
USE XSCJ
ACCEPT "请输入学生学号:" TO XH        && 键盘输入学号
LOCATE   FOR   学号 =XH              && 查找记录
IF  NOT  EOF ()
```

```
     IF 数学 >=60
        ?   姓名, " 及格 "
     ELSE
        ?   姓名, " 不及格 "
     ENDIF
   ELSE
     ? " 查无此人！"
   ENDIF
   USE
   RETURN
```

执行该程序时，根据从键盘上输入的学号在"XSCJ"表中查找对应的记录，当找到该记录时，EOF( ) 的值为 .F.，则 NOT EOF( ) 的值为 .T.，对于找到的记录判断成绩是否及格，并显示；否则记录指针指向结束标志，EOF( ) 的值为 .T.，则 NOT EOF ( ) 的值为 .F.，显示"查无此人！"。

## 2. 多分支结构

命令格式如下：

```
DO   CASE
CASE      < 条件表达式 1 >
          < 语句系列 1 >
[ CASE      < 条件表达式 2 >
          < 语句系列 2 >
          …
CASE      < 条件表达式 n >
          < 语句系列 n >   ]
[ OTHERWISE
     < 语句系列 n+1 >   ]
ENDCASE
```

功能：依次判断 < 条件表达式 >，当遇到第一个条件为真时执行对应的 < 语句系列 >，语句序列执行完毕后，跳转到 ENDCASE 后面的语句执行；当所有 < 条件表达式 > 的值为假时，则执行 OTHERWISE 下面的 < 语句系列 n+1 >；如果没有 OTHERWISE 语句，则直接转到 ENDCASE 后面语句执行。

【提示】

DO CASE 和 ENDCASE 必须配对使用。

例 4：假设收入（P）与税率（R）的关系如下，编程求税金。

$$R=\begin{cases} 0 & P<800 \\ 0.05 & 800 \leq P<2000 \\ 0.08 & 2000 \leq P<5000 \\ 0.1 & P \geq 5000 \end{cases}$$

程序代码如下：

```
SET TALK OFF
CLEAR
INPUT  "请输入收入:"  TO  P
DO  CASE
CASE  P<800
     R=0
CASE  P<2000
     R=0.05
CASE  P<5000
     R=0.08
OTHERWISE
     R=0.1
ENDCASE
TAX=P*R
?  "税金为:", TAX
SET TALK ON
RETURN
```

## 6.3.3 循环结构

循环结构是在指定的条件下反复执行某些相同的操作，被反复执行的操作称为循环体。实现循环操作的程序称为循环结构程序。Visual FoxPro 9.0 提供了 3 种循环结构：DO WHILE…ENDDO、FOR …ENDFOR 和 SCAN…ENDSCAN。

### 1. DO WHILE…ENDDO 循环

格式如下：

```
DO WHILE <条件>
<语句序列 1>
[LOOP]
<语句序列 2>
[EXIT]
〈语句序列 3〉
ENDDO
```

功能：当 DO WHILE 语句中的 <条件> 为真时，反复执行 DO WHILE 与 ENDDO 之间的语句，直到 <条件> 为假时结束循环，执行 ENDDO 后面的语句。DO WHILE 和 ENDDO 语句必须成对使用，它们之间的语句称为循环体。

说明：（1）LOOP 语句，强行返回到循环开始语句。

（2）EXIT 语句，强行跳出循环，继续执行 ENDDO 后的语句。

使用 DO WHILE 循环的 3 个要素如下。

（1）循环变量（DO WHILE 条件表达式中出现的变量）必须赋初值。

（2）正确设置循环条件，能使循环有效的执行和终止。

（3）在循环体内要有改循环变量值的语句，不至于形成死循环。当条件成立时重复执行循环体；否则退出循环，执行 ENDDO 后面的语句。

（1）固定次数的循环。

格式如下：

```
DO   WHILE   N<=M
   < 语句序列 >
   N=N+X
ENDDO
```

其中：N= 初值（通常为 1）；M= 终值；X 为步长。

功能：通过对循环变量 N 进行计数并与 M 相比较的方法完成循环操作。

例 5：计算 1+3+5+7+9+…+99 的值并输出。

程序代码如下：

```
SET TALK OFF
CLEAR
s=0
i=1
DO WHILE i<=99
   s=s+i
   i=i+2
ENDDO
? "1+3+5+7+…+99=", S
SET TALK ON
```

（2）对循环次数不确定的循环。

格式如下：

```
DO   WHILE   .T.
   < 语句序列 >
   IF   < 条件表达式 >
     EXIT
   ENDIF
ENDDO
```

功能：循环条件永远为真，只有满足 IF 语句的 < 条件表达式 > 时，才跳出循环。

在这种使用方法中，EXIT 选项是不可缺少的，且必须和 IF 语句连用。

例 6：将前 N 个自然数中的完全平方数进行累加，当累加之和超过 100 时停止累加。要求程序显示每次的累加和。

程序代码如下：

```
SET TALK OFF
CLEAR
STORE 0 TO I, M
DO WHILE .T.
IF M>100
EXIT
ELSE
M=M+I^2
ENDIF
?  "完全平方数累加和:"+STR(M, 6)
    I=I+1
ENDDO
SET TALK ON
```

（3）用记录指针控制循环。

格式如下：

```
DO  WHILE  NOT EOF( )(BOF( ))
   <命令序列>
   SKIP  ( SKIP -1 )
ENDDO
```

功能：对当前打开的表文件中的记录自上而下或自下而上地逐条进行操作。

说明：记录指针由 SKIP 语句控制，循环结束的条件由函数 EOF（ ）和 BOF（ ）控制。

例 7：在学生表 XSDA.dbf 中逐条显示所有女学生的记录。

程序代码如下：

```
SET TALK OFF
CLEAR
USE XSDA
DO WHILE NOT EOF( )
   IF 性别="女"
     DISPLAY
   ENDIF
   SKIP
ENDDO
USE
SET TALK ON
```

## 2. FOR…ENDDFOR 循环语句

格式如下：

```
FOR〈循环变量〉=〈初值〉TO〈终值〉[STEP〈步长〉]
```

```
〈循环体〉
[Loop]
[EXIT]
ENDFOR | NEXT
```

功能：执行该循环语句，首先将循环初值赋给循环控制变量，然后判断循环控制变量的值是否超过终值。若超过则跳出循环，执行 ENDFOR 后面的语句；否则执行循环体。当遇到 ENDFOR 或 NEXT 语句时，返回 FOR 语句，并将循环控制变量的值加上步长值再一次与循环终值比较。如此重复执行，直到循环控制变量的值超过循环终值，结束循环。

说明：省略 STEP〈步长〉，则〈步长〉默认值 1；〈初值〉〈终值〉和〈步长〉是不会改变的，并由此确定循环次数；可以在循环体内改变循环变量的值，但可能会因此改变循环的执行次数；EXIT 和 LOOP 命令可以出现在循环体内。执行 LOOP 命令时，结束本次循环，循环变量增加一个步长值，返回 FOR 语句判断循环条件是否成立。执行 EXIT 命令时，程序跳出循环，执行循环尾 ENDFOR 后面的语句。

例 8：求 100 之内所有偶数之和。

程序代码如下：

```
SET TALK OFF
CLEAR
S=0
FOR I=0 TO 100 STEP 2
    S=S+I
NEXT
? "100 之内所有偶数之和为 ", S
SET TALK ON
RETURN
```

### 3. SCAN…ENDSCAN 循环语句

格式如下：

```
SCAN  [ 范围 ] [ FOR<条件表达式 1> ]
    < 语句序列 >
    [ EXIT ]
    [ LOOP]
ENDSCAN
```

功能：该语句一般用于数据表，执行该语句时，记录指针自动、依次在当前表的指定范围内满足条件的记录上移动，对满足条件的每一条记录执行循环体内的命令。

说明：SCAN…ENDSCAN 语句，循环处理满足条件的记录。它内含 EOF（）、SKIP 的作用，无须移动记录指针。使用该语句前必须先打开相应的表文件。SCAN 循环能自动移动指针，按条件指定记录，避免在循环体内重复执行表文件查询命令。用 DO WHILE 循环也可以实现对表文件的逐个扫描操作，但它需要借助函数 BOF（）或 EOF（）测试状态，用 SKIP 命令移动指针，不如 SCAN 循环方便。

例 9：在 XSDA 中逐条显示所有女学生记录。

程序代码如下：

```
USE XSDA
SCAN FOR  性别 =" 女 "
    DISPLAY
ENDSCAN
USE
```

### 4. 使用循环语句时应注意的事项

（1）DO WHILE…ENDDO、FOR…ENDFOR、SCAN…ENDSCAN 必须配对使用。

（2）〈命令行序列〉可以是任何 Visual FoxPro 9.0 命令或语句，也可以是循环语句，即可以为多重循环。

（3）〈循环变量〉应是数值型的内存变量或数组元素。

（4）EXIT 和 LOOP 命令嵌入在循环体内，可以改变循环次数，但是不能单独使用。EXIT 的功能是跳出循环，转去执行 ENDDO、ENDFOR、ENDSCAN 后面的第一条命令；LOOP 的功能是转回到循环的开始处，重新对"条件"进行判断，相当于执行了一次 ENDDO、ENDFOR、ENDSCAN 命令，它可以改变〈命令行序列〉中部分命令的执行次数。EXIT、LOOP 可以出现在〈命令行序列〉的任意位置。

### 5. 多重循环

一个循环体中包含着另一个循环，这种循环结构称为双重循环结构。

在多重循环结构程序设计时应注意以下事项。

（1）循环语句必须成对出现，一一对应。

（2）循环结构只能嵌套，不能交叉。循环体中如果包含有 IF 或 DO CASE 等条件选择语句时，所对应的 ENDIF 或 ENDCASE 语句也应完全包含在相应的循环体内。

（3）不同层次的循环控制变量不要重名，以免混淆。

（4）为使程序结构清晰，每层循环最好用缩进格式书写。

【练一练】

编写计算 100~200 之间的偶数和。

# 6.4　过程和过程的调用

## 6.4.1　子程序

子程序是相对于主程序而言的一个独立的程序文件，其建立方法与建立程序文件的方法相同，扩展名为 .prg。子程序的使用可以简化程序中多处重复出现完成相同功能的程序段的设计问题。

### 1. 子程序的建立

子程序的建立方法与程序文件的方法相同。

使用 MODIFY COMMAND 命令建立、修改子程序，保存扩展名为 .prg。

## 2. 子程序的调用

格式如下：

```
DO <文件名> [WITH <参数列表>]
```

功能：该命令调用并运行指定的子程序。

提示：DO 命令应放置在主程序中，子程序才可以调用其他子程序。如此下去，就构成了子程序的调用嵌套结构。

## 3. 子程序的返回

格式如下：

```
RETURN [TO MASTER | TO <程序文件名> | <表达式>]
```

说明：（1）RETURN 返回到调用程序的调用语句的下一行。

（2）TO MASTER 表示返回到最高级调用程序，一般为主程序。

（3）TO <程序文件名> 表示返回到指定程序调用语句的下一行。

（4）[<表达式>] 选项表示将值返回到调用者。

（5）子程序执行时直到遇到以下情况时，自动结束返回：RETURN、RETRY、CANCEL、QUIT。

程序间的调用和返回示意图如图 6-11 所示。

子程序调用

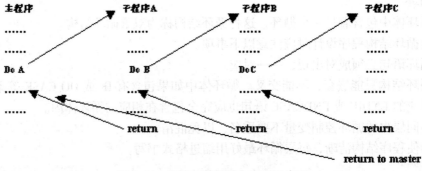

图 6-11　程序间的调用和返回示意图

例 10：编写主程序调用子程序，计算 3 个数中的最大值并输出。

主程序 main 代码如下：

```
SET  TALK  OFF
INPUT  "X1="  TO  X1
INPUT  "X2="  TO  X2
INPUT  "X3="  TO  X3
N1=X1
N2=X2
R=0
DO SUB
N1=R
N2=X3
DO SUB
? "最大数为:", R
SET  TALK  ON
```

运行主程序 main：

```
DO main
```

子程序 SUB 代码如下：

```
R=MAX(N1, N2)
```

通过键盘输入 3 个数值，程序给出计算结果。

## 6.4.2　过程文件

一个数据库管理系统，通常由一个主控程序和若干个子系统组成。每当主程序调用时都要对磁盘进行一次访问，而访问磁盘的速度是较慢的。当调用子程序次数较多时，会使系统运行速度降低。为解决上述问题，在 Visual FoxPro 9.0 系统中可以使用过程文件。

### 1. 建立过程文件

建立过程文件和建立其他命令文件一样，可以使用 MODIFY COMMAND< 过程文件名 > 来实现，默认的扩展名为 .prg。

过程文件的格式如下：

```
PROCEDURE< 过程名 1>
[< 语句序列 1>]
[RETURN]
ENDPROC
...
PROCEDURE< 过程名 n>
[< 语句序列 n>]
[RETURN]
ENDPROC
```

说明：过程文件是由若干个过程构成的文件。过程是一个由 PROCEDURE< 过程名 > 开头，后面跟过程名，过程名没有扩展名，ENDPROC 表示一个过程的结束。当过程执行到 RETURN 命令时，控制将转到调用程序（或命令窗口）。如果默认 RETURN 命令，则在过程结束处自动执行一条隐含的 RETURN 命令。

【提示】
（1）过程必须存放在一个过程文件中。
（2）不能把可执行的主程序代码放在过程之后。过程可以放置在程序文件代码的后面。

### 2. 过程文件的调用

调用过程文件之前必须要打开过程文件。调用结束后要关闭过程文件。
（1）过程文件的打开。
格式如下：

```
SET  PROCEDURE  TO [< 过程文件名 1>[, < 过程文件名 2>, ...]][ADDITIVE]
```

说明：该命令打开一个或多个过程文件。该命令一般在主程序中使用，或者至少放在调用过程的前面。过程文件一旦被打开，过程文件中的所有过程也被打开，也就是说被调入内存。对于一个打开的过程文件，可随时调用其中的任何过程，从而减少了访问磁盘的次数，提高了程序运行的速度。

ADDITIVE 选项，在打开过程文件时，不关闭先前打开的过程文件。

（2）调用过程。

格式 1 如下：

```
DO <过程名>
```

格式 2 如下：

```
<过程名>（  ）
```

【提示】

  <过程名>不能包含扩展名；<过程名>（  ）可以作为命令使用（返回值被省略），也可以作为函数出现在表达式中。

（3）过程文件的关闭。

格式 1 如下：

```
SET    PROCEDURE    TO
```

格式 2 如下：

```
RELEASE PROCEDURE<过程文件名 1>[,<过程文件名 2>,...]
```

说明：SET PROCEDURE TO 命令关闭打开的所有过程文件；RELEASE PROCEDURE 命令关闭指定的过程文件。

例 11：使用过程文件分别计算圆的周长和面积。

程序代码如下：

```
*SUB11.prg                   && 过程文件名
PROCEDURE   圆周长      && 过程
INPUT" 圆的半径:"TO  R
D=2*3.1416*R
? D
RETURN
ENDPROC
PROCEDURE   圆面积       && 过程
INPUT" 圆的半径:"TO R
S=3.1416*R^2
? S
RETURN
ENDPROC
```

主程序代码如下：

```
*S11.prg
SET PROCEDURE TO SUB11      && 打开过程文件
CLEAR
DO  圆周长
```

```
圆面积（）
SET PROCEDURE TO                    && 关闭过程文件
```

在磁盘上分别建立以上两个文件，运行主程序 S11，则打开圆周长和圆面积两个过程。

【练一练】

编写程序计算 3！+4！+5！的值，用子程序调用方式实现。

## 6.4.3　自定义函数

自定义函数是一个子程序（.prg），它可以返回一个值到调用程序。

### 1. 自定义函数的建立

与一般的命令文件的建立方法相同，如 MODIFY COMMAND。

### 2. 自定义函数格式

格式如下：

```
FUNCTION   < 函数名 >（变量名）
[PARAMETERS< 参数表 >]
< 语句序列 >
RETURN[< 返回值 >]
ENDFUNC
```

说明：自定义函数与过程很相似，可以是一个独立的命令文件，也可以在一个过程文件中。与过程不同的是自定义函数必须返回一个值。

特点如下：

（1）在自定义函数程序中首条命令一般为：PARAMETERS< 参数表 >。

选择 PARAMETERS < 参数表 >，则实现调用程序与函数之间的数据传递，这时函数的第一个可执行语句必须是 PARAMETERS < 参数表 >。

（2）在自定义函数程序中结束命令必须为：RETURN< 返回值 >。

函数执行后返回一个数据给调用程序，< 返回值 > 可以是常数、变量或表达式等。如果省略 < 返回值 >，默认返回逻辑真值 .T.。当程序或用户自定义函数执行到 RETURN 命令就会立刻返回到调用程序。

例 12：自定义函数计算：d=b^2-4ac 的值。

程序代码如下：

```
*D.prg
FUNCTION    D
PARAMETERS A, B, C
D=B^2-4*A*C
RETURN  D    && 返回 C 的值为函数值
```

为简化程序，可将上述程序中的最后两行写成一行，即 RETURN B^2-4*A*C。

例 13：调用上例自定义的 D 函数。

可以使用以下几种方式来调用自定义函数。

（1）用？命令来调用该函数，在命令窗口输入以下命令：

```
?  D（3，4，5）
```

在主窗口显示：–44.00。

（2）用 STORE 命令调用该函数，在命令窗口输入以下命令：

```
STORE D（3，4，5）TO EA
? EA
```

在主窗口显示：–44.00。

（3）用 DO 命令来调用该函数，在命令窗口输入以下命令：

```
DO D WITH 3，4 ，5
```

或者

```
D（3，4，5）
```

运行后直接返回命令窗口，由于没有显示命令，因此结果不被显示。

【练一练】

以下有关过程文件的叙述，正确的是（　　　）。

A. 先用 SET PROCEDURE TO 命令关闭原来已打开的过程文件，然后用 DO<过程名>执行

B. 可直接用 DO<过程名>执行

C. 先用 SET PROCEDURE TO<过程文件名>过程文件，然后用 USE<过程名>执行

D. 先用 SET PROCEDURE TO<过程文件名>打开过程文件，然后用 DO<过程名>执行

# 6.5　变量的作用域及参数的传递

## 6.5.1　变量的作用域

一个变量除了类型和取值之外，还有一个重要的属性就是它的作用域。若以变量的作用域来分，内存变量可分为公共变量、私有变量和局部变量三类。

### 1. 公共变量

在任何模块中都可使用的变量称为公共变量。公共变量要先建立后使用，公共变量必须先声明和定义后才能使用。

定义格式如下：

```
PUBLIC <内存变量表>
```

功能：将<内存变量表>指定的变量定义称为公共的内存变量，并为它们赋初值 .F.。在命令窗口中创建的任何变量自动具有全局属性。

作用范围：上下各级程序中都可以使用的内存变量。

公共变量一旦建立就一直有效，即使程序运行结束返回到命令窗口也不会消失。只有当

执行 CLEAR、MEMORY、RELEASE、QUIT 等命令后，公共变量才被释放。

## 2. 私有变量

程序中用 PRIVATE 命令定义的内存变量称为私有变量；或者没有用以上命令定义直接使用的内存变量（默认的）也是私有变量。

声明格式如下：

```
PRIVATE [< 内存变量表 >]
```

作用范围：私有变量只能在本级和以下各级程序中使用。私有变量通常用于隐藏上级程序中的同名变量，不至于造成混乱。当过程（子程序）运行结束后，该内存变量立即被清除，不能返回上级调用程序。

## 3. 局部变量

程序中用 LOCAL 命令定义的内存变量称为局部变量，局部变量要先定义后使用。

定义格式如下：

```
LOCAL < 内存变量表 >
```

作用范围：不能在上级或下级程序中使用，只能在本级程序中使用，其他过程或函数不能访问此变量的数据。当它所处的程序运行结束时，局部变量立即被清除。

例 14：在下面程序中观察公共变量、私有变量和局部变量在程序中的变化。

程序代码如下：

程序中变量作用域

```
* 主程序名: J14.PRG
SET TALK OFF
SET  PROCEDURE  TO  JS123
PUBLIC A, B, C
A=1
B=1
C=1
DO  JS1
? A
DO  JS2
? B
? C
CLOSE  PROCEDURE
RETURN
* 过程文件名: JS123.PRG
PROC  JS1
A=A*2+1
RETURN
PROC  JS2
PRIVATE C
B=B*4+1
```

```
C=A*2+1
DO   JS3
RETURN
PROC JS3
C=C*2+5
RETURN
```

运行主程序 J14.prg，在主窗口显示结果如下：

```
3
5
1
```

从程序运行结果可以看出，内存变量 A、B、C 在主程序中定义为全局变量，调用子程序 JS1 结束返回主程序，变量 A 的值发生改变；调用子程序 JS2 结束返回主程序，变量 B 的值发生改变，在子程序中声明另一个变量 C 为私有变量，子程序结束，子程序中变量 C 被清除，返回主程序时主程序中变量 C 保持不变。

### 6.5.2　参数的传递

主程序调用子程序（过程）或函数时，常常需要进行参数传递，把调用程序中的数据传递给子程序（过程）或函数。Visual FoxPro 9.0 提供了程序间参数传递的功能，用于程序之间的数据交换。调用程序所传出的参数称为实际参数，被调用程序所接收的参数称为形式参数。

**1. 传递参数命令**

命令格式如下：

```
DO< 程序名 > WTH < 参数表 >
```

说明：DO 命令中的 < 参数表 > 与被调用的程序进行参数传递。传递的参数可以是常量、变量或表达式，若是表达式则先计算表达式的值，然后传送到接收参数。

**2. 接收参数命令**

命令格式如下：

```
PARAMETERS < 参数表 >
```

说明：该语句的功能是接收 DO…WITH< 参数表 > 调用命令传递的参数值。

参数调用时，WITH< 参数表 > 中的参数与调用程序中的参数保持一致（数量相同，类型一致，但参数名可以不同）。

**3. 参数传递与接收规则**

传递参数命令可以出现在调用程序（主程序）中的任何位置，而接收参数命令必须出现在被调用程序（子程序）中的第一行。

（1）传址方式：当 WITH 后的 < 参数表 > 中是内存变量列表时，每个内存变量的值传给 PARAMETERS 中对应变量，而该调用程序中的内存变量被隐含起来，但其值随着被调用程序中相对应变量的值的变化而变化。

（2）传值方式：当 WITH 后的 ＜参数表＞ 中是内存变量表达式或单个内存变量用小括号括起来时，每个内存变量表达式的值传给 PARAMETERS 中的对应变量，而该调用程序中出现在表达式中的内存变量不被隐含，其值也不随着被调用程序中相对应变量的值的变化而变化。

例 15：利用参数传递，计算圆的周长。

程序代码如下：

```
*J15.PRG                 && 主程序
CLEAR
R=100
STORE   0   TO L1, L2
DO  sub15  WITH   R, L1, R+1, L2        && 调用过程 sub15
? "圆 1 的周长 =", L1
? "圆 2 的周长 =", L2
RETURN
PROCEDURE   sub15                  && 过程文件 sub15
PARAMETERS X, Y1, Z, Y2
Y1=2*3.14159*X
Y2=2*3.14159*Z
RETURN
ENDPROC
```

运行主程序 AREA，在主窗口显示结果如下：

```
圆 1 的周长 =628.31800
圆 2 的周长 =634.60118
```

执行程序时，将主程序中的实参 R、L1、R+1、L2 对应的值 100、0、101、0 分别传递给了过程中形参 X、Y1、Z、Y2，执行程序结束后，Y1 和 Y2 的值分别为 L1 和 L2 的值。

【练一练】

```
* 主程序 Z.prg                       * 子程序 Z1.prg
SET TALK OFF                        Y=Y+1
STORE 2 TO X, Y, Z                  DO Z2
X=X+1                               X=X+1
DO Z1                               RETURN
? X1+X2+X3                          *Z2.prg
RETURN                              Z=Z+1
SET TALK ON                         RETURN TO MASTER
```

执行 DO Z 命令后，屏幕显示结果为（　　　）。

A. 3　　　　　　B. 4　　　　　　C. 9　　　　　　D. 10

## 一、选择题

1. 在 Visual FoxPro 中，默认情况下，在执行命令 INPUT "请输入数据："TO NUM 时，如果要通过键盘输入字符串，应当使用的定界符包括（　　）。

A. 单引号　　　　　　　　　　　　B. 单引号或双引号

C. 单引号、双引号或方括弧　　　　D. 单引号、双引号、方括弧或圆点

2. 在 Visual FoxPro 的 DO WHILE…ENDDO 循环结构中，LOOP 命令的作用（　　）。

A. 退出循环过程，返回程序开始处

B. 转移到 DO WHILE 语句行，开始下一次判断和循环

C. 终止循环，将控制转移到本循环结构 ENDDO 后面的第一条语句继续执行

D. 终止程序执行

3. 在 Visual FoxPro 中，如果一个函数里只有一条 RETURN 语句但没有指定表达式，那么该函数的返回值（　　）。

A..T.　　　　　　B..F.　　　　　　C. 空值　　　　　　D. 没有返回值

4. 在永真条件 DO WHILE .T. 的循环中，为退出循环可以使用（　　）。

A. LOOP　　　　B. EXIT　　　　C. QUIT　　　　D. CLOSE

5. 在命令文件中调用另一个命令文件，应该使用命令（　　）。

A. CALL< 命令文件名 >　　　　　　B. LOAD< 命令文件名 >

C. PROCEDURE< 命令文件名 >　　　D. DO< 命令文件名 >

## 二、程序分析

1. 设有图书数据表 TSH.dbf，包括字段（总编号，分类号，书名，出版单位，单价）；读者数据表 DZH.dbf，包括字段（借书证号，姓名，性别，单位，职称，地址）；借阅数据表 JY，包括字段（借书证号，总编号，借阅日期，备注）。

```
SET TALK OFF
SELECT 1
USE DZH
INDEX ON 借书证号 TO DSHH
SELECT 2
USE TSH
INDEX ON 总编号 TO SHH
SELECT 3
USE JY
SET RELATION TO 借书证号 INTO A
SET RELATION TO 总编号 INTO B  ADDITIVE
LIST 借书证号, A-> 姓名, A-> 单位, B-> 书名, B-> 单价, 借阅日期 TO PRINT
CLOSE ALL
RETURN
```

该程序段的功能是：_____

_____

_____

2. 有 Visual FoxPro 程序 chengxu.prg 如下：

```
CLEAR
S=0
N=0
INPUT "请输入 X=" TO X
INPUT "请输入 Y=" TO Y
FOR I=3 TO 30 STEP 2
  IF PANDUAN（I）=1
    FOR J=2 TO I-1
      IF I%J=0
        EXIT
      ENDIF
    ENDFOR
    IF J<I
      N=N+1
    IF N%2=0
      S=S+I*X
    ELSE
      S=S-I*Y
    ENDIF
  ENDIF
ENDIF
ENDFOR
? S


PROCEDURE PANDUAN
PARAMETERS X
IF（X%3=0 OR X%5=0）AND（NOT（X%3=0 AND X%5=0））
    FH=1
ELSE
    FH=0
ENDIF
RETURN FH
ENDPROC
```

该程序的功能是计算 S=_____（写出包含 X 和 Y 的表达式）。

1. 下面程序段是由两个磁盘文件 "MAIN.PRG" 和 "P6-3-1.prg" 组成的,其中 MAIN.prg 是主程序文件,P6-3-1.PRG 是过程文件,分析后写出输出语句执行结果。

主程序文件如下:

```
*MAIN.PRG
SET TALK OFF
SET PROC TO P6-3-1.PRG
CLEAR
A=4
B="M1"
M1=5
DO SUB WITH B
? A, B, M1
DO SUB_11 WITH "M1"
? A, B, M1
```

过程文件 "P6-3-1.PRG" 如下:

```
*P6-3-1.PRG
PROC SUB
PARAMETERS X
PRIVATE B, Y
A=10
B=20
Y=1
DO WHILE Y<B
IF Y>A
EXIT
ELSE
&X=&X+1
A=A+6-&X
B=A-3
ENDIF
ENDDO
DO SUB_11 WITH X
? A, B, M1
RETURN

PROC SUB_11
PARAMETERS B
&B=100
```

```
B="A"
&B=10
RETURN
```

程序的运行结果:＿＿＿＿＿＿＿＿＿＿＿＿＿＿＿＿＿＿＿（按显示格式填写）。

2. 有如下程序。

```
SET TALK OFF
DIMENSION K (2, 3)
I=1
DO WHILE I<=2
  J=1
  DO WHILE J<=3
      K (I, J) =I*J
      IF INT (K (I, J) /2) =K (I, J) /2
          K (I, J) =K (I, J) +1
      ELSE
          K (I, J) =K (I, J) -1
      ENDIF
      ? ? K (I, J)
      ? ?
      J=J+1
  ENDDO
  ?
  I=I+1
ENDDO
RETURN
```

程序的运行结果为:＿＿＿＿＿＿＿＿＿＿＿＿＿＿＿＿＿＿＿（按显示格式填写）。

3. 有如下 Visual FoxPro 程序。

```
SET TALK OFF
STORE 0 TO I, J
X=3
Y=0
DO P1 WITH X, Y
? X, Y
SET TALK ON
RETURN

PROCEDURE P1
PARAMETERS X, Y
I=1
DO WHILE I<=3
```

```
X=X+I
I=I+1
ENDDO
Y=X+Y
DO P2 WITH X
RETURN


PROCEDURE P2
PARAMETERS X
X=1
RETURN
```

运行上面的程序，显示的结果为：＿＿＿＿＿＿＿＿。

4. 有学生信息 .dbf 自由表，字段为：学号（C，8），姓名（C，8），性别（C，2），年龄（N，3，0），籍贯（C，20），入学成绩（N，5，1），表中数据如图 6-12 所示。

| Record# | 学号 | 姓名 | 性别 | 年龄 | 籍贯 | 入学成绩 |
|---|---|---|---|---|---|---|
| 1 | 20100101 | 肖天海 | 男 | 19 | 河北保定 | 560 |
| 2 | 20100102 | 王岩盐 | 男 | 20 | 北京 | 623 |
| 3 | 20100103 | 刘星魂 | 男 | 18 | 上海 | 559 |
| 4 | 20100104 | 张月新 | 女 | 19 | 南京 | 610 |
| 5 | 20100201 | 李明玉 | 男 | 20 | 江苏常州 | 623 |
| 6 | 20100202 | 季欣欣 | 女 | 19 | 辽宁沈阳 | 580 |
| 7 | 20100203 | 王吉吉 | 女 | 22 | 吉林长春 | 612 |

图 6-12　学生信息 .dbf 自由表

有如下 Visual FoxPro 程序。

```
SET TALK OFF
STORE 0 TO M, N
USE 学生信息
INDEX ON 性别 TAG 性别  OF ABSEX
SEEK "男"
DO WHILE 性别 ="男" AND .NOT.EOF（）
N=N+1
M=M+ 年龄
SKIP
ENDDO
? M/N
SET TALK ON
```

运行上面的程序，显示的结果为：＿＿＿＿＿＿＿＿＿＿＿＿＿＿。

5、6题使用下面的数据库

设有数据库文件"学生管理 .dbc",包含"课程设置""学生档案""学生成绩"3个表。其中"课程设置"表的结果为：课程编号（C，4）、课程名称（C，20）、学时（N，3，0），学分（N，3，1）；"学生档案"表的结构为：学号（C，6）、姓名（C，10）、班级（C，20），院系（C，20），"学生成绩"表的结构为：学号（C，6）、课程（C，20）、成绩（N，5，1）。各表中数据如图 6-13~ 图 6-15 所示。

| 记录号 | 课程编号 | 课程名称 | 学时 | 学分 |
|---|---|---|---|---|
| 1 | 0001 | 数据结构 | 64 | 3.5 |
| 2 | 0002 | 操作系统 | 54 | 3.0 |
| 3 | 0003 | 软件工程 | 46 | 2.5 |

图 6-13 课程设置 .dbf

| 记录号 | 学号 | 姓名 | 班级 | 院系 |
|---|---|---|---|---|
| 1 | 100101 | 龙继坤 | 机电 1 班 | 机电系 |
| 2 | 100102 | 王玉玉 | 机电 1 班 | 机电系 |
| 3 | 100204 | 李玉红 | 机电 2 班 | 机电系 |
| 4 | 200101 | 杨彬彬 | 工商管理 1 班 | 工商管理系 |
| 5 | 200102 | 梁洪波 | 工商管理 1 班 | 工商管理系 |
| 6 | 200301 | 李继华 | 工商管理 3 班 | 工商管理系 |

图 6-14 学生档案 .dbf

| 记录号 | 学号 | 课程 | 成绩 |
|---|---|---|---|
| 1 | 100101 | 0001 | 79.0 |
| 2 | 100101 | 0002 | 89.0 |
| 3 | 100101 | 0003 | 80.0 |
| 4 | 100102 | 0001 | 45.0 |
| 5 | 100102 | 0002 | 98.0 |
| 6 | 200101 | 0001 | 99.0 |
| 7 | 200102 | 0002 | 65.0 |
| 8 | 200102 | 0003 | 88.0 |

图 6-15 学生成绩 .dbf

7. 有如下 Visual FoxPro 程序（代码中行末的分号为逻辑行连接符）。

```
CLEAR
OPEN DATABASE 学生管理
SELECT * FROM 学生成绩 WHERE 学号 IN（SELECT 学号 FROM;
学生档案）INTO DBF KECHENG
USE
```

```
ADD TABLE KECHENG
SELECT 学号, 课程, MAX (成绩) AS CHENGJI FROM KECHENG  GROUP BY;
课程 ORDER BY CHENGJI ASC INTO DBF HZ
SELECT HZ. 学号, HZ. 课程, HZ.CHENGJI, 学生档案 . 姓名 AS XINGMING;
FROM 学生档案, HZ WHERE 学生档案 . 学号 =HZ. 学号 ORDER BY;
HZ.CHENGJI INTO DBF JG
USE JG
GO TOP
KECHH= 课程
XMING=XINGMING
CLOSE DATABASE
USE  课程设置
GO TOP
DO WHILE NOT EOF ( )
  IF TRIM (课程编号) ==TRIM (KECHH)
    ? XMING, 课程名称, 学分
    EXIT
  ENDIF
  SKIP
ENDDO
```

运行上面的程序，显示的结果是：_____。

8. 有如下 Visual FoxPro 程序（代码中行末的分号为逻辑行连接符）。

```
CLEAR
OPEN DATABASE 学生管理
CREATE TABLE TJS (X1 C (20), X2 N (5, 1))
SELECT DISTINCT 院系 AS Y1, SUBSTR (学号, 1, 2) AS Y2 FROM;
学生档案 ORDER BY Y2 INTO DBF JTS
USE
SELECT 1
USE JTS
GO TOP
SELECT 2
USE  学生成绩
GO TOP
SELECT 1
DO WHILE NOT EOF ( )
  ZHI=0
  SHU=0
  SELECT 2
  GO TOP
```

```
    DO WHILE NOT EOF ( )
    IF SUBSTR (学号, 1, 2) ==JTS.Y2
        ZHI=ZHI+ 成绩
        SHU=SHU+1
      ENDIF
      SKIP
    ENDDO
    IF SHU!=0
      INSERT INTO TJS VALUES (JTS.Y1, ZHI/SHU)
    ENDIF
    SELECT 1
    SKIP
    ENDDO
    CLOSE DATABASE
    USE TJS
    DO WHILE NOT EOF ( )
      ? X1, X2
      SKIP
    ENDDO
```

运行上面的程序，显示的结果是：_____。

## 四、程序填空

1. 程序的功能是：输入字符串，将字符串中的所有不是数字、字母的字符删除；将字母字符移到数字字符尾部，各自保持原来的先后顺序，形成新的字符串输出。如果输入的字符串为 "1Wq+2_3A"，则输出 "123WqA"。程序代码如下，请在空白位置填写正确的代码。

```
CLEAR
ACCEPT "请输入字符串:" TO TT
_____(1)_____
? XX

FUNCTION SHUCHU
  PARAMETERS SS
  N=LEN (SS)
  DIME A (N)
  FOR I=1 TO N
    A (I) =SUBSTR (SS, I, 1)
  ENDFOR
  B=""
  C=""
  FOR I=1 TO N
```

```
          IF ( A ( I ) >="0" AND A ( I ) <="9" )
                      (2)
          ELSE
            IF ( A ( I ) >=" a" AND A ( I ) <=" z" OR A ( I ) >=" A" AND A ( I ) <=" Z" )
                        (3)
          ENDIF
          ENDIF
ENDFOR
SS=B+C
RETURN SS
```

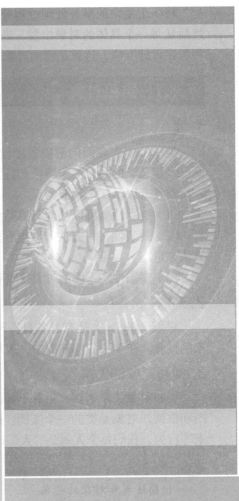

# 项目 7

## 表单设计

- ■面向对象的程序设计
- ■表单设计基础
- ■表单常用控件

学习目标 ⇨ 1. 能够解释类、对象、属性、事件、方法的基本概念。
2. 能够独立创建表单，在表单中添加控件并编写事件代码，设计应用程序对应的窗口。

# 7.1 面向对象的程序设计

将一个复杂的事务处理过程分解为若干个功能上既相互独立又相互联系的具体"对象"，然后从每一个具体的对象出发，进而设计和开发出由众多"对象"共同构成的软件系统的一种程序设计方法，这就是面向对象的程序设计。

## 7.1.1 类和对象

**1. 类**

类（Class）在面向对象程序设计中，类是具有共同属性、共同行为方法的对象的集合，是已经定义了的关于对象特征和行为的模板。

类具有以下 3 个重要特点。

（1）继承性。可以从现有的类派生出新类。例如，学生是从人类派生出来的新类。

（2）封装性。将方法和数据存放于同一个对象中，对数据的存取只能通过该对象本身的方法来进行。

（3）多态性。不同的对象接收到相同的消息时，可以做出完全不同的解释。

**2. 对象**

对象（Object）是有着各自特殊属性和行为方式的实体，可以是具体事物，也可以是抽象的概念。在 Visual FoxPro 中，表单、标签、文本框和命令按钮等就是对象。

**3. 类和对象的关系**

类和对象关系密切，但并不相同。类包含了有关对象的特征和行为信息，它是对象的蓝图和框架；对象是类的一个实例。例如，人应该有性别、身高、体重等特征，有哭、笑、行走等行为，我们每个人就是"人"这个类中的一个实例——对象。

【练一练】

1. 简述类和对象的关系。

2. Visual FoxPro 9.0 中的控件对象基于所属的类可以分为_____类和_____类。

3. 类具有_____、_____和_____3 个特点。

## 7.1.2 对象的属性、事件和方法

**1. 属性**

属性（Property）用来描述对象的外部特征和状态，不同的对象有不同的属性。

设置对象的属性可以用属性窗口和程序语句。

（1）使用属性窗口设置对象的属性。

属性窗口由对象框、选项卡、属性设置框、列表和属性说明五部分组成，其中选项卡包括全部、数据、方法和程序、布局、其他，如图 7-1 所示。

图 7-1　属性窗口

（2）使用程序语句设置对象的属性。

格式如下：

对象引用 . 属性名 = 属性值

对象引用分为绝对引用和相对引用。

绝对引用是指以 ThisForm 或 ThisFormSet 关键字开头的逐层引用，必须标明每个层次对象的对象名。例如：

```
ThisFormSet .Form1.Command1.Caption=" 确定 "
ThisForm.Command1.Caption=" 确定 "
```

相对引用是指以 This 关键字开头的，以当前对象作为引用起点的引用。例如：

```
This.Caption=" 确定 "
This.Parent.BackColor=RGB（255，0，0）
```

## 2. 方法

方法（Method）是描述对象行为的过程，对象的事件可以有与之相关联的方法，方法也可以独立于事件而单独存在，此类方法必须在代码中被显式地调用。

在程序文件或事件代码中调用方法的格式如下：

[ 变量名 =] 对象引用 . 方法名

## 3. 事件

事件（Event）是由 VFP 预先定义好的，能够被对象识别的动作。

每个对象都可以对事件进行识别和响应，但不同的对象能识别的事件不全相同。事件可以由一个用户动作触发，也可以由程序代码或系统触发。

### 4. 事件过程

事件过程（Event Procedure）是为处理特定事件而编写的一段程序，也称为事件代码。

当事件由用户或系统触发时，对象就会对该事件做出响应。响应某个事件后所执行的程序代码就是事件过程。

一个对象可以识别一个或多个事件，因此，可以使用一个或多个事件过程对用户或系统的事件做出响应。

【练一练】

1. 所有类的对象都具有（　　　）。
A. 名称、类别和方法　　　　　　　　B. 属性、事件和方法
C. 属性、事件和类别　　　　　　　　D. 属性、类别和方法

2. 在引用对象时，下面（　　　）格式是正确的。
A. Command1.caption=" 确定 "
B. Thisform.Command1.caption=" 确定 "
C. Command1: caption=" 确定 "
D. Thisform: Command1 : caption=" 确定 "

3. 在对象引用中 Thisform 表示（　　　）。
A. 当前对象　　　　　　　　　　　　B. 当前表单
C. 当前表单集　　　　　　　　　　　D. 当前对象的上一级对象

4. 下列关于属性、方法和事件的叙述中，错误的是（　　　）。
A. 属性用于描述对象的状态，方法用于表示对象的行为
B. 基于同一个类产生的两个对象可以分别设置自己的属性值
C. 事件代码也可以像方法一样被显式调用
D. 在新建一个表单时，可以添加新的属性、方法和事件

5. 下面关于事件的说法不正确的是（　　　）。
A. 事件是预先定义好的，能够被对象识别的动作
B. 对象的每一个事件都有一个事件过程
C. 用户可以建立新的事件
D. 不同的对象能识别的事件不尽相同

# 7.2　表单设计基础

表单是指通过控件组装的形式，在较短的时间内开发出具有良好用户界面的应用程序。

## 7.2.1　表单简介

表单（Form）就是一个输入或显示某种信息的界面（窗口），是 Visual FoxPro 提供的用于建立应用程序界面的工具之一，被大量应用于人机交互界面的设计当中。应用表单设计功

能可以设计出具有 Windows 风格的各种程序界面。由于表单使用非常频繁，因此，在 Visual FoxPro 中专门提供了一个表单设计器来设计表单程序。表单是一个容器，除含有窗口的标准控件标题栏和控制按钮外，还可以向表单中添加各种对象，如按钮、文本框、表格、图片等。在表单设计器环境下可以进行添加、删除及布局控件的操作。

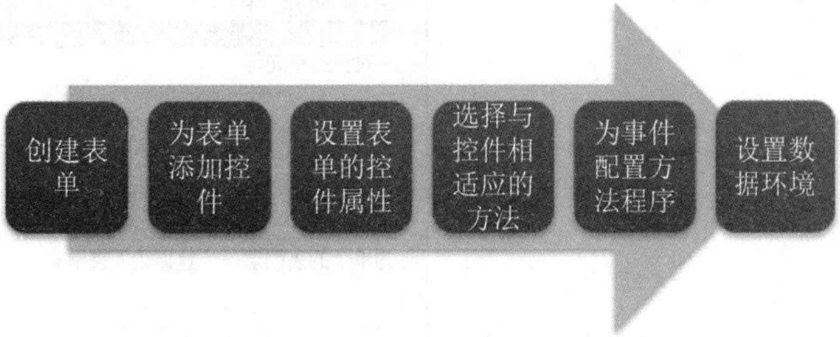

图 7-2　表单的设计过程

表单的设计过程，如图 7-2 所示。

【练一练】

1. 在 Visual FoxPro 中，表单是指（　　　）。

A. 数据库中各个表的清单　　　　B. 一个表中各个记录的清单

C. 数据库查询的列表　　　　　　D. 窗口界面

2. Visual FoxPro 的表单对象可以包括（　　　）。

A. 任意控件　　　　　　　　　　B. 所有的容器对象

C. 页框或任意控件　　　　　　　D. 页框、任意控件、容器或自定义对象

3. （判断对错）表单是以表文件的形式存储的。　　　　　　　　　（　　　）

## 7.2.2　创建和修改表单

表单是一个特殊的磁盘文件，其扩展名为 .scx。

创建表单一般有两种途径：一是使用表单向导创建简易的数据表单；二是使用表单设计器创建或修改任何形式的表单。

### 1. 利用向导创建表单

利用表单向导可以创建单表表单和一对多表单。使用表单向导有以下 3 种方法。

（1）使用项目管理器创建表单。

在项目管理器中创建的表单自动隶属于该项目。选择"项目管理器"→"文档"→"表单"→"新建"→"表单向导"图标，如图 7-3~ 图 7-5 所示。

图 7-3　"项目管理器"窗口

图 7-4　"新建表单"窗口

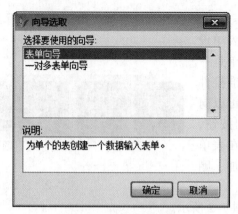

图 7-5　选择表单类型

（2）使用文件菜单创建表单。

单击"文件"→"新建"→"表单"→"向导"图标，如图 7-6 和图 7-7 所示。

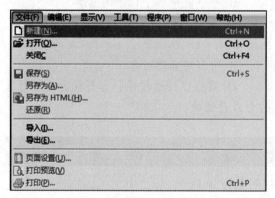

图 7-6　新建文件　　　　　　　　　　　　　　　图 7-7　"新建"对话框

（3）使用工具菜单创建表单。

选择"工具"→"向导"→"表单"选项，如图 7-8 所示。

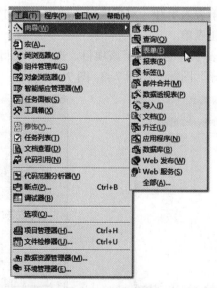

用向导创
建表单

图 7-8　工具菜单

## 2. 利用表单设计器创建表单

表单设计器启动后，Visual FoxPro 主窗口上将出现"表单设计器"窗口、"表单控件"工具栏、"属性"窗口、"表单设计器"工具栏等。

"表单设计器"窗口内包含正在设计的表单，用户可在表单窗口中可视化地添加和修改控件、改变控件布局，表单窗口只能在"表单设计器"窗口内移动。

（1）使用项目管理器创建表单。

选择"项目管理器"→"文档"→"表单"→"新建"选项，如图 7-3 和图 7-4 所示，打开新表单"文档 1"，如图 7-9 所示。

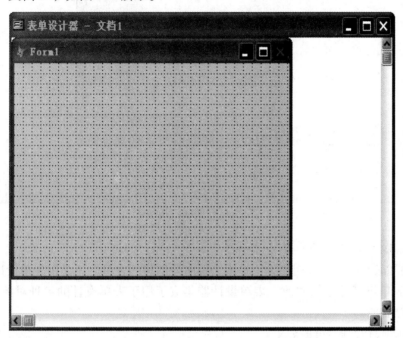

图 7-9　新表单

（2）使用文件菜单创建表单。

单击"文件"→"新建"→"表单"→"新建文件"图标，如图 7-5 和图 7-6 所示。

（3）使用命令创建表单。

格式如下：

```
CREATE FORM< 文件名 >
```

显示结果如图 7-10 和图 7-11 所示。

图 7-10　创建表单命令窗口

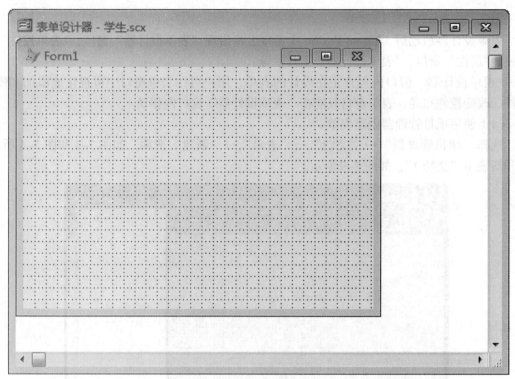

图 7-11 "学生"表单

### 3. 利用表单设计器修改表单

在 Visual FoxPro 9.0 中，用户无论是用表单向导创建的表单，还是用表单设计器创建的表单，都利用表单设计器进行修改。表单设计器集成了用于表单设计的各种对象和操作工具，并给予可视化管理。

（1）使用项目管理器修改表单。

使用"项目管理器"选择要修改的表单。

（2）使用文件菜单修改表单。

选择"文件"→"打开"→选择要修改的表单文件名→"打开"命令。

（3）使用命令修改表单。

格式如下：

```
MODIFY FORM< 文件名 >
```

显示结果如图 7-12 所示。

图 7-12 修改表单命令窗口

【练一练】

1. 表单文件默认的扩展名为_____。
2. 以下有关 Visual FoxPro 表单的叙述中，错误的是（　　　）。
A. 所谓表单就是数据表清单。
B. Visual FoxPro 的表单是一个容器类的对象
C. Visual FoxPro 的表单可用来设计类似于窗口或对话框的用户界面
D. 在表单上可以设置各种控件对象
3. 简述创建表单的几种方法。

## 7.2.3　数据环境

数据环境中能够包含与表单有联系的表和视图及表之间的关系，通常情况下，数据环境中的表或视图随着表单的打开或运行而打开，并随着表单的关闭或释放而关闭，可以用数据环境设计器窗口来设置表单的数据环境。表单的数据环境将作为表单文件的一部分而保存，如图 7-13 所示。

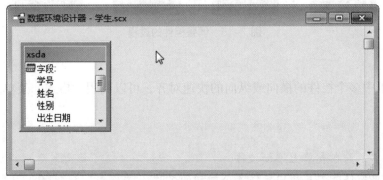

图 7-13　"数据环境设计器"窗口

【练一练】

1. 数据环境是（　　　）。
A. 包含表和视图及表之间关联的对象　　　B. 只能包含表
C. 只能包含视图　　　　　　　　　　　　D. 只能包含表间关系
2. 下面关于数据环境和数据环境中两个表之间关系的陈述中，正确的是（　　　）。
A. 数据环境是对象，关系不是对象
B. 数据环境不是对象，关系是对象
C. 数据环境是对象，关系是数据环境中的对象
D. 数据环境和关系都不是对象

## 7.2.4　控件的基本操作

启动表单设计器后，在系统主窗口上打开"表单控件"工具栏，如图 7-14 所示，可以在表单上添加 Visual FoxPro 9.0 控件，如标签、文本框、编辑框、组合框、列表框、复选框、图像、命令按钮等。

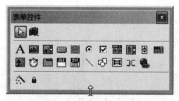

图 7-14 表单控件

控件的基本操作包括创建控件、调整控件和设置控件属性等。

## 1. 创建控件

在"表单控件"工具栏中，只要单击其中某一个按钮，然后在表单中选定位置单击，就会在该处产生一个选定的表单控件；也可以在单击按钮后，在表单中的选定位置，按住鼠标左键在表单上拖动，可以画一个大小合适的控件。

## 2. 调整控件

调整控件的过程如图 7-15 所示。

图 7-15 调整控件的过程

## 3. 控件对齐

要实现表单中多个控件的横向或纵向的快速对齐，可以利用"格式"菜单或"布局"工具栏进行设置。

【练一练】

1. 创建表单，并在表单上添加控件。

2. 在"表单控件"工具栏中标注各个按钮的名称。

3. 设计表单时向表单添加控件，可以利用（　　　）。

A. 表单设计器工具栏　　　　　　　　　　B. 布局工具栏

C. 调色板工具栏　　　　　　　　　　　　D. 表单控件工具栏

4. 在表单中要选定多个控件，应按（　　　）键。

A.Ctrl　　　　　　　B.Shift　　　　　　　C.Alt　　　　　　　D.Tab

5. 利用_____工具栏中的按钮可以对选定的控件进行居中、对齐等多种操作。

# 7.2.5　表单的保存与运行

## 1. 保存表单

单击"文件"→"保存"按钮（扩展名为 .scx），如图 7-16 所示。

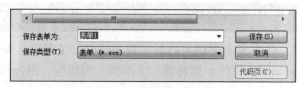

图 7-16 保存表单

### 2. 运行表单

（1）使用项目管理器运行表单。

在"项目管理器"中选择要运行的表单，单击"运行"按钮。

（2）运行按钮运行表单。

在"表单设计器"窗口，单击"运行"按钮或右击，选择"执行表单"命令。

（3）使用程序菜单运行表单。

选择"程序"→"运行"命令。

（4）使用命令运行表单。

命令格式如下：

```
DO  FORM <文件名>
```

显示结果如图 7-17 所示。

图 7-17　运行表单命令窗口

【练一练】

1. 在命令窗口执行表单文件 AA，应输入命令（　　　）。

A.DO FORM  AA                          B.DO AA.SCX

C.RUN FORM  AA                         D.RUN AA.SCX

2. 在运行某个表单时，下列有关表单事件引发次序的叙述中正确的是（　　　）。

A. 先 Activate 事件，然后 Init 事件，最后 Load 事件

B. 先 Activate 事件，然后 Load 事件，最后 Init 事件

C. 先 Init 事件，然后 Activate 事件，最后 Load 事件

D. 先 Load 事件，然后 Init 事件，最后 Activate 事件

3. 下列文件的类型中，表单文件是（　　　）。

A. .dbc            B. .dbf            C. .prg            D. .scx

4. 在当前目录下有 M.prg 和 M.scx 两个文件，在执行命令 DO FORM M 后，实际运行的文件是（　　　）。

A.M.prg            B.M.scx            C. 随机运行            D. 都运行

5. 在命令窗口中执行_____命令，即可打开"表单设计器"窗口。

# 7.3　表单常用控件

要在较短的时间内开发出具有良好用户界面的应用程序，就要熟悉各类表单控件的使用。下面介绍表单的常用控件。

## 7.3.1　标签控件

标签控件（Label）是用来标识字段或向用户显示提示信息的，一般用来描述固定的信息，它没有数据源。

【常用属性】

Name：标签控件名，该属性是标签在程序中唯一的标识。

Caption：标签控件的标题。

AutoSize：标签控件是否根据其中内容的大小而自动改变大小。

Alignment：指定文本在标签控件中显示的对齐方式。

Top 和 Left：标签控件上边界与容器上边界、左边界与容器左边界的距离，用于设置控件在表单中的位置。

Height 和 Width：标签控件的高度和宽度，用于设置控件本身的大小。

BackStyle：标签控件的背景是否透明。

BackColor：标签控件的背景颜色。

ForeColor：标签控件中文本的颜色。

FontName：标签控件文字的字体。

FontSize：标签控件文字的大小。

标签应用实例如图 7-18 所示，标签设计界面如图 7-19 所示。

图 7-18　标签应用实例　　　　　　图 7-19　标签设计界面

【练一练】

1. 标签控件属性 Caption 的含义是_____，Name 的含义是_____。

2. 在 Visual FoxPro 9.0 中，标签控件默认的名字是（　　　）。

A. Label　　　　　　B. Label1　　　　　　C. List1　　　　　　D. Text

3. "表单设计器"窗口中标签对象的 ForeColor 属性是用于设置标签的（　　　）。

A. 前景色　　　　　　B. 背景色　　　　　　C. 边框景色　　　　　　D. 字体色

## 7.3.2　文本框

文本框控件（Text）可以供用户输入、输出或编辑数据，一般包含一行数据。它允许用户添加或编辑保存在表中非备注型字段中的数据。所有标准的编辑功能，如剪切、复制和粘贴都可以在文本框中使用。文本框可以编辑任何类型的数据，如字符型、数值型、逻辑型、日期型和日期时间型等。

【常用属性】

Value：返回文本框中的当前值。

ReadOnly：只读属性。默认为 .f.，表示用户可以编辑数据。

PassWordChar：常用于显示用户密码，指定文本框中显示用户输入的是字符还是占位符。一般用星号（＊）。

ControlSource：设置文本框的数据源。文本框控件的数据源可以是字段和内存变量两种，若是字段必须是来自数据环境中的表。

InputMask：用于确定控件中如何输入和显示数据。

【常用事件】

Click：单击文本框。

GotFocus：文本框获得焦点（鼠标光标）。

LostFocus：文本框失去焦点。

KeyPress：在文本框中按下并释放一个按键。

【常用方法】

SetFocus：设置文本框具有焦点，即将鼠标光标放置在文本框中。

文本框应用实例如图 7-20 所示，文本框设计界面如图 7-21 所示。

图 7-20　文本框应用实例

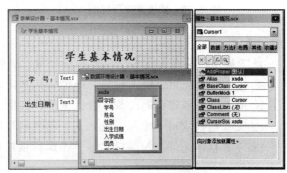

图 7-21　文本框设计界面

【练一练】

1. 文本框控件的属性 ControlSource 的含义是_____。

2. 表单中有一个文本框和一个命令按钮，要使文本框获得焦点，应该使用的语句是_____。

3. 在表单中添加字符型字段控件，系统生成的是（　　　）。

A. 文本框　　B. 编辑框　　C. OLE 绑定性控件　　D. 复选框

4. InputMask 属性用于指定（　　　）。

A. 文本框控件内是显示用户输入的字符还是显示占位符

B. 返回文本框的当前内容

C. 一个字段或内存变量

D. 在一个文本框中如何输入和显示数据

## 7.3.3　编辑框控件

编辑框控件（Edit）和文本框一样用来输入与编辑文本数据，但是文本数据可以是一段或多段，因此编辑框常作为备注型字段的数据绑定控件。编辑框只能输入、编辑字符型数据。

【常用属性】

Value：返回编辑框中的当前值，该属性只能是字符型。

ReadOnly：指定用户是否可以编辑一个控件，应用于编辑框、文本框、表格、微调按钮。

ScrollBars：指定编辑框是否有滚动条。值为 0 时，表示没有滚动条；值为 2 时，有垂直滚动条（默认值）。

ControlSource：设置编辑框的数据源，一般是数据环境表中的某一备注型字段。

编辑框应用实例如图 7-22 所示，编辑框设计界面如图 7-23 所示。

图 7-22　编辑框应用实例

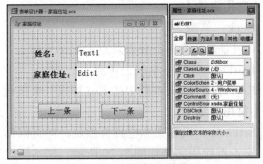

图 7-23　编辑框设计界面

【练一练】

以下所述的是有关表单中"文本框"与"编辑框"的区别，错误的是（　　　）。

A. 文本框只能用于输入数据，而编辑框只能用于编辑数据

B. 文本框内容可以是文本、数值等多种数据，而编辑框内容只能是文本数据

C. 文本框只能用于输入一段文本，而编辑框则能输入多段文本

D. 文本框不允许输入多段文本，而编辑框能输入一段文本

## 7.3.4　命令按钮控件

命令按钮控件（Command）主要用来控制程序的执行过程，控制对表中数据的操作等，如关闭表单、移动记录指针、打印报表等。

【常用属性】

Caption：设置命令按钮标题，可设置热键。

Picture：指定需要在按钮中显示的图片文件（.bmp、.ico 和 .jpg）。

Visible：设置按钮是否可见，默认为可见。

Enabled：设置命令按钮是否可用，默认为可用。

【常用事件】

Click：单击命令按钮。

DblClick：双击命令按钮。

RightClick：右击命令按钮。

命令按钮应用实例如图 7-24 所示，命令按钮设计界面如图 7-25 所示，代码如图 7-26 和图 7-27 所示。

图 7-24　命令按钮应用实例

图 7-25　命令按钮设计界面

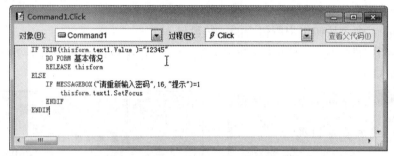

图 7-26　命令按钮"确认"事件过程代码

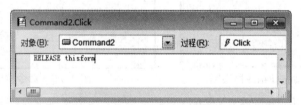

图 7-27　命令按钮"退出"事件过程代码

【练一练】

1. 在表单中加入 Command1 和 Command2 两个命令按钮，编写 Command1 按钮的 Click 事件代码如下：

This.Parent.Command2.Enabled=.F.

则当单击 Commandl 后，（　　　）。

A. Command1 命令按钮不能激活　　　　B. Command2 命令按钮不能激活

C. 事件代码无法执行　　　　D. 命令按钮组中的第二个命令按钮不能激活

2. 为表单 MyForm 添加事件或方法代码，改变该表单中的控件 Cmdl 的 Caption 属性的正确命令是（　　　）。

A. Myform.Cmd1.Caption=" 最后一个 "

B. THIS.Cmd1.Caption=" 最后一个 "

C. THISFORM.Cmd1.Caption=" 最后一个 "

D. THISFORMSET.Cmd1.Caption=" 最后一个 "

3. Visible 属性的作用是（　　　）。

A. 设置对象标题　　　　B. 设置对象是否可视

C. 设置对象是否可用　　　　D. 设置对象名称

## 7.3.5 命令按钮组控件

命令按钮组（Command Group）是包含一组命令按钮的容器控件，用户可以单个或作为一组来操作其中的按钮。在"表单设计器"窗口中，为了选择命令组中的某个按钮，以便为其单独设置属性、方法或事件，可采用以下两种方法：一是从属性窗口的对象下拉式组合框中，选择所需的命令按钮；二是右击命令组，然后从弹出的快捷菜单中选择"编辑"命令，这样命令组就进入了编辑状态，用户可以通过单击来选择某个具体的命令按钮。这种编辑操作方法对其他容器类控件（如选项组控件、表格控件）同样适用。

【常用属性】

Caption：设置命令按钮标题，可设置热键。

ButtonCount：命令按钮组中所包含的按钮数目。

命令按钮组控件应用实例如图 7-28 所示，命令按钮组设计界面如图 7-29 所示，代码如图 7-30~ 图 7-33 所示。

图 7-28 命令按钮组应用实例

图 7-29 命令按钮组设计界面

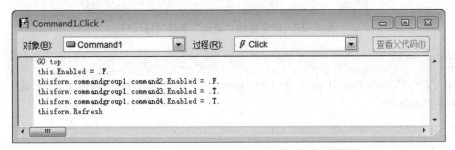

图 7-30 命令按钮"首记录"事件过程代码

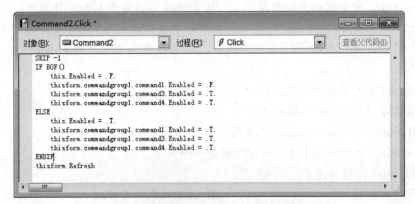

图 7-31 命令按钮"上一条"事件过程代码

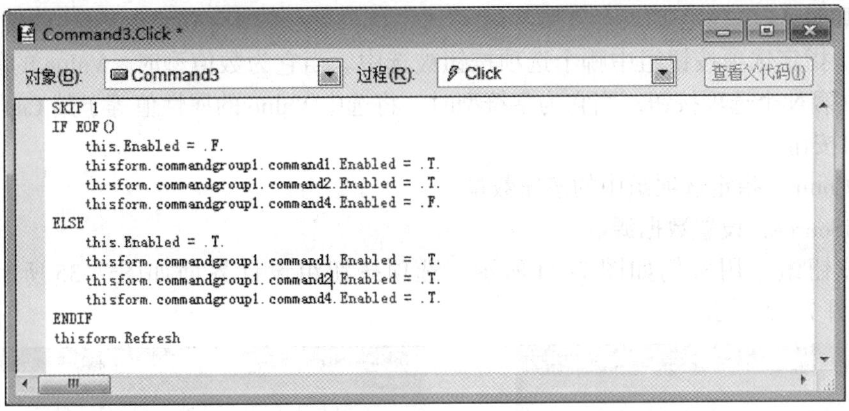

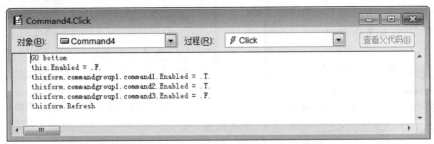

图 7-32　命令按钮"下一条"事件过程代码

图 7-33　命令按钮"末记录"事件过程代码

【练一练】

1. 若某表单中有一个文本框 Text1 和一个命令按钮组 CommandGroup1，其中，命令按钮组包含了 Command1 和 Command2 两个命令按钮。如果要在 Command1 命令按钮的某个方法中访问文本框 Text1 的 Value 属性值，下列式子中正确的是（　　　）。

A.This.ThisForm.Text1.Value 　　　　　　B.This.Parent.Text1.Value

C.Parent.Parent.Text1.Value 　　　　　　D.This.Parent.Parent.Text1.Value

2. 在命令按钮组中通过修改（　　　）可以把按钮个数设为 5。

A.ButtonCount 　　　B.PageCount 　　　C.GripCount 　　　D.ColumnCount

3. 命令按钮组是（　　　）。

A. 控件类对象 　　　B. 容器类对象 　　　C. 命令按钮 　　　D. 图形

4. 当单击表单的"首记录"按钮时，表单显示第一条记录内容，同时该按钮变为灰色不能使用的按钮，应在其 Click 事件代码中将（　　　）属性的值赋值为 .F.。

A.Value 　　　　　B.Enabled 　　　　　C.Visible 　　　　　D.Caption

## 7.3.6　选项按钮组控件

选项按钮组（OptionGroup）是包含选项按钮的一种容器，也称单选按钮。一个选项组中往往包含若干个选项按钮，但用户只能从中选择一个按钮。当用户选择某个选项按钮时，该按钮中会显示一个圆点，即成为被选中状态，而选项组中的其他选项按钮不管原来是什么状态，都变为未选中状态。

【常用属性】

Value：指定选项按钮组中哪个选项按钮被选中。当它为数值型时，Value 的属性值为 N 就表示选中第 N 个选项按钮；当它为字符型时，将选中 Value 的属性值等于其 Caption 属性值的那个选项按钮。

ButtonCount：指定选项组中的按钮数量。

ControlSource：设置数据源。

选项按钮组应用实例如图 7-34 所示，选项按钮组设计界面如图 7-35 所示，代码如图 7-36 和图 7-37 所示。

图 7-34　选项按钮组应用实例

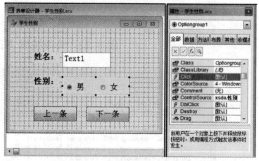

图 7-35　选项按钮组设计界面

图 7-36　命令按钮"上一条"事件过程代码

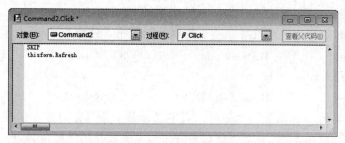

图 7-37　命令按钮"下一条"事件过程代码

【练一练】

1. 在"表单设计器"窗口中，要选定表单中某选项组里的某个选项按钮，可以（　　）。

A. 单击选项按钮

B. 双击选项按钮

C. 先单击选项组，并选择"编辑"命令，然后再单击选项按钮

D. 以上 B 和 C 都可以

2. 选项按钮组属于 _____ 类，它的 _____ 属性表明该选项组有几个选项。

## 7.3.7　复选框控件

一个复选框用于标记一个两值状态，如真（.T.）或假（.F.）。当处于"真"状态时，复选框中显示一个对勾（√）；否则复选框内为空白。

【常用属性】

Caption：复选框显示的标题。

Value：指定复选框选定状态，可以为数值型或逻辑型两种类型。默认为数值型，当数值为 0（或逻辑值为 F）时，表示未被选定；当数值为 1（或逻辑值为 T）时，表示被选定；当数值为 2（或 NULL）时，复选框显示为灰色，为禁止选择状态。

ControlSource：数据源，可显示该字段值并修改保存。

复选框应用实例如图 7-38 所示，复选框设计界面如图 7-39 所示。

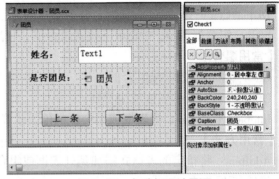

图 7-38　复选框应用实例　　　　　　图 7-39　复选框设计界面

【练一练】

1. 在表单中加入一个复选框和一个文本框，编写 Check1 的 Click 事件代码如下：

`Thisform.Textl.Visible=This.Value`

则当单击复选框后，（　　　）。

A. 文本框可见

B. 文本框不可见

C. 文本框是否可见由复选框的当前值决定

D. 文本框是否可见与复选框的当前值无关

2. 将复选框控件的 Value 属性设置为（　　　）时，复选框显示为灰色。

A.0　　　　　　　　B.1　　　　　　　　C.2　　　　　　　　D.3

## 7.3.8　列表框控件和组合框

列表框（List）和组合框（Combo）都有一个可供用户选择一个或多个选项的列表，但两者之间也存在着区别：列表框的列表项全部显示，而组合框只显示一项，其列表在用户单击右端向下按钮时才显示。若要节省空间，并突出当前选定项时可使用组合框，组合框分为下拉式组合框和下拉式列表框。前者允许输入数据项，后者与列表框一样只有选取功能。

【常用属性】

RowSource：指定列表框和组合框控件中数据的来源。

RowSourceType：指定数据来源的类型。

ControlSource：指定存储列表框或组合框选定项的数据绑定字段，即存储 Value 值的数据绑定字段。

Value：返回列表框或组合框中选定项。

ColumnCount：指定列表框的列数。

List：用来存储列表框或组合框中每一个项目。

ListCount：指定列表框或组合框中数据项目总数。

Selected：判断列表框或组合框中每一个项目是否为选定状态。

ColumnCount：指定列表框的列数。

MoverBars：指定列表框内是否显示滚动条。

MultiSelect：指定用户能否在列表框内进行多项选择。

DisplayCount：指定显示在组合框中项目的数量。

Style：组合框类型，0 表示下拉式组合框，1 表示下拉式列表框。

【常用事件】

Click：单击列表框或组合框。

DblClick：双击列表框或组合框。

InteractiveChange：列表框或组合框的值发生变化。

【常用方法】

AddItem：将指定的表达式添加到列表框或组合框的项目列表中。

格式如下：

```
列表框名称 . AddItem （ < 字符表达式 > ）
```

RemoveItem：删除列表框或组合框中指定的项目。

格式如下：

```
列表框名称 . RemoveItem （ < 列表项序号 > ）
```

Requery：重新查询并更新列表框或组合框中数据项的内容。

格式如下：

```
列表框名称 . Requery
```

列表框和组合框应用实例如图 7-40 所示，列表框和组合框设计界面如图 7-41 所示，代码如图 7-42 和图 7-43 所示。

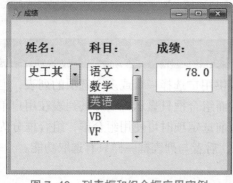

图 7-40　列表框和组合框应用实例

图 7-41　列表框和组合框设计界面

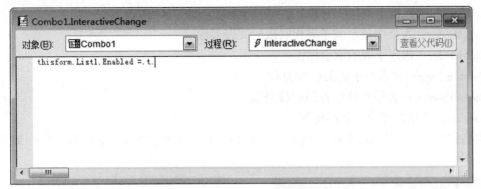

图 7-42　组合框事件过程代码

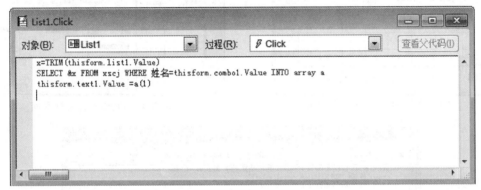

图 7-43　列表框事件过程代码

【练一练】

1.下面关于列表框和组合框的叙述中，正确的是（　　　　）。

A.列表框和组合框都可以设置成多重选择

B.列表框可以设置成多重选择，而组合框不能

C.组合框可以设置成多重选择，而列表框不能

D.列表框和组合框都不能设置成多重选择

2.表单中可以包含各种控件，其中组合框的默认 Name 属性是（　　　　）。

A.Command1　　　　　　　　B.Label1　　　　　　　　C.Check1　　　　　　　　D.Combo1

## 7.3.9　表格控件

　　表格 Grid 是一种容器对象，类似浏览窗口，有垂直滚动条和水平滚动条可以同时操作和显示多行数据，一个表格对象由若干列对象组成，每个列对象包含一个列标头对象（Header）和若干控件。这里表格、列、列标头和控件都有自己的属性、事件和方法。

　　表格最常见的用途之一是显示一对多关系的子表。当文本框显示父表记录时，表格显示子表的记录；当在父表中浏览记录时，表格中子表的记录显示相应的变化。

【常用属性】

RecordSource：指定表格中数据源。

RecordSourceType：指定表格中要显示的数据源的类型。

ColumnCount：指定表格的列数。

LinkMaster：表格中显示的子表相联接的父表名称。

ChildOrder：指定子表的索引标识。

RelationExpr：父表与子表关联的关键字。

ControlSource：表格控件中各列的数据源。

Caption：表格控件中各列的标题。

表格控件应用实例如图 7-44 所示，表格控件设计界面如图 7-45 所示，代码如图 7-46 所示。

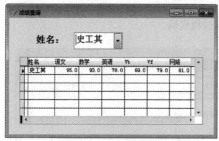

图 7-44　表格控件应用实例

图 7-45　表格控件设计界面

图 7-46　表格控件事件过程代码

【练一练】

要改变表单上表格对象中当前显示的列数，应设置表格的（　　　）。

A. ControlSource 属性  　　　　B. RecordSource 属性

C. ColumnCount 属性  　　　　D. Name 属性

## 7.3.10　微调控件

利用 Visual FoxPro 提供的微调控件（Spinner）可以在一定范围内控制数据的变化。除了单击控件右边的向上和向下箭头来增加和减少数字以外，还可以直接输入数值。

【常用属性】

KeyboardHighValue：指定可用键盘输入到微调控件文本框中的最大值。

KeyboardLowValue：指定可用键盘输入到微调控件文本框中的最小值。

Increment：微调按钮变化的幅度，默认为 1。

SpinnerHighValue：指定单击向上和向下箭头时，微调控件所允许的最大值。

SpinnerLowValue：指定单击向上和向下箭头时，微调控件所允许的最小值。

Value：微调控件当前值。

ControlSource：数据源。

【常用事件】

Click：单击微调按钮控件框。

DownClick：单击向下箭头按钮。

UpClick：单击向上箭头按钮。

InteractiveChange：微调按钮控件的值发生变化。

微调控件应用实例如图 7-47 所示，微调控件设计界面设计如图 7-48 所示。

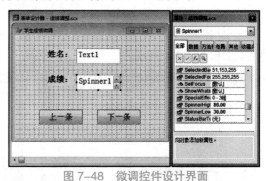

常用控件的
综合使用

图 7-47　微调控件应用实例　　　　图 7-48　微调控件设计界面

## 7.3.11　页框控件

页框控件（PageFrame）可以让有限的版面空间重叠使用，以便设计出内容更丰富的表单。页框是页面的容器，可以包含多个页面，页面设计与表单设计一样，其本身也是一个容器，通过页面方便分类组织对象。

【常用属性】

PageCount：设置页框页面数，默认为 2。

Caption：设置页框的每一页的标题。

ActivePage：指定活动页号，默认为 1。

TabStyle：指定页面标题的排列方式。

TabStretch：指定页面较多时所有页面标题的排列方式。

页框控件应用实例如图 7-49 所示，页框控件设计界面如图 7-50 所示。

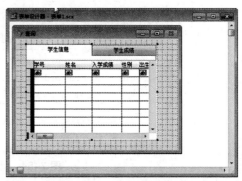

图 7-49　页框控件应用实例　　　　图 7-50　页框控件设计界面

## 7.3.12　计时器控件

计时器控件是利用系统时钟来控制某些具有规律性的周期任务的定时操作。计时器控件在表单运行时不可见。

【常用属性】

Enabled：控制计时器的开关。

Interval：设置计时器控件两次触发的时间间隔，单位是毫秒。

【常用事件】

Timer：每间隔一定时间便自动触发一次。

Pest：重置计时器，从 0 开始计。

计时器控件应用实例如图 7-51 所示，计时器控件设计界面如图 7-52 所示，代码如图 7-53 和图 7-54 所示。

图 7-51　计时器控件应用实例　　　　　　　图 7-52　计时器控件设计界面

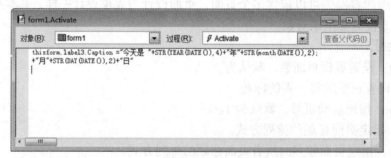

图 7-53　表单加载事件过程代码

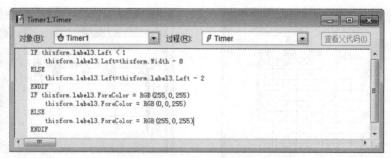

图 7-54　计时器事件过程代码

【练一练】

以下不属于计时器属性的是（　　　　）。

A. Enabled　　　　B. Visible　　　　C. Interval　　　　D. Left

## 7.3.13　图像控件

图像控件允许在表单中显示图片，它可以在程序运行的过程中动态改变。

【常用属性】

Picture：指定显示的图片。

Stretch：设置图片的显示方式。

（1）当 Stretch 属性为 0 时，将把图像的超出部分裁减掉。

（2）当 Stretch 属性为 1 时，执行等比例填充。

（3）当 Stretch 属性为 2 时，执行变比例填充。

图像控件应用实例如图 7-55 所示，图像控件设计界面如图 7-56 所示。

图 7-55　图像控件应用实例

图 7-56　图像控件设计界面

## 7.3.14　ActiveX控件

ActiveX 控件又称 OLE 绑定型控件。OLE 是对象链接与嵌入的英文缩写，可以是 Excel 电子表格、Word 文档或图片等，可以链接或嵌入到表单或表的通用字段中。

【常用属性】

ControlSourse：设置与表中的通用字段链接，可显示该字段中的内容。

Stretch：设置 OLE 对象与显示区域的大小比例。

AutoSize：根据显示内容的大小自动调整控件的大小。

ActiveX 控件应用实例如图 7-57 所示，ActiveX 控件设计界面如图 7-58 所示。

图 7-57　ActiveX 控件应用实例

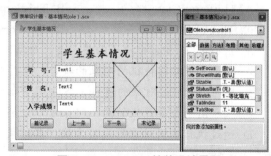
图 7-58　ActiveX 控件设计界面

## 7.3.15　表单集

### 1. 表单集概念

表单集是容器对象，是一个或多个相关表单的集合，在表单集里可以把一条记录的字段放在不同的表单里。

## 2. 建立表单集

新建一个表单，打开"表单设计器"对话框，同时自动生成一个表单"Form1"。选择"表单"→"创建表单集"命令，激活"添加新表单"命令，再添加其他表单。

设计一个如图 7-59 所示的有两个表单的学生资料表单集。

图 7-59　表单集设计界面

## ‖‖‖‖‖‖‖‖‖‖‖‖‖‖‖ 巩固提升 ‖‖‖‖‖‖‖‖‖‖‖‖‖‖‖

### 一、选择题

1. 在 Visual FoxPro 9.0 中，使用"表单设计器"对话框创建表单时，如果将备注型字段拖到表单上，则会生成（　　）类型的控件。

A. 文本框　　　　　　　　　B. 编辑框

C. 复选框　　　　　　　　　D. 列表框

2. 在 Visual FoxPro 中，假设表单上有一个命令按钮，如果单击命令按钮可以实现关闭表单的功能，则应在该按钮的 Click 事件过程中写入语句（　　　）。

A. ThisForm.Close　　　　　　B. ThisForm.Erase

C. ThisForm.Release　　　　　D. ThisForm.Return

3. 在 Visual FoxPro 中，下面关于类、对象、属性和方法的叙述中，错误的是（　　）。

A. 类是具有相同特征的对象的集合，这些对象具有相同的属性和方法

B. 属性用于描述对象的特征，方法用于表示对象的行为

C. 基于同一个类产生的两个对象可以分别设置自己的属性值

D. 通过执行不同对象的同名方法，其结果必然是相同的

### 二、填空题

1. 在 Visual FoxPro 中，通过"表单设计器"对话框创建表单时使用＿＿＿＿＿＿设计器定义和修改数据源。

2. 在 Visual FoxPro 中，运行表单"login"的命令为＿＿＿＿＿＿。

3. 在 Visual FoxPro 中，用于指定组合框中数据来源的属性是＿＿＿＿＿＿。

## 三、程序题

1. 在 Visual FoxPro 的表单上添加一个标签，其 Name 属性为：Lba，Caption 属性为：请输入字符串，添加一个文本框；其 Name 属性为：txt，添加一个标签；其 Name 属性为：Lbb，Caption 属性为：空，添加一个命令按钮；其 Name 属性为：Command1，Caption 属性为：确定。

Command1 的 Click 事件代码如下：

```
mystr=ThisForm.txt.Value
mystr=Trim(mystr)
n=LEN(mystr)
DIME arr(n)
FOR i=1 TO n
    arr(i)=SUBSTR(mystr,i,1)
ENDFOR
m=3
j=0
FOR i=n TO 1 STEP -1
    IF arr(i)=[*]
      j=j+1
    ELSE
      EXIT
    ENDIF
ENDFOR
b=[ ]
c=[ ]
s=0
IF j>m
    s=m
ELSE
s=j
ENDIF
FOR i=1 TO n-s
          IF (arr(i)>=[0] and arr(i)<=[9])
             b=b+arr(i)
          ELSE
             c=c+arr(i)
          ENDIF
ENDFOR
mystr=c+b
ThisForm.lbb.Caption=mystr
Return
```

运行上面的表单，在文本框中输入"d12&%##ef34××××"，单击"确定"按钮，在 Lbb 标签中显示的是：_____。

2. 表的结构为：用户名（C,10），密码（C,10），应用程序运行时界面如图 7-60 所示。

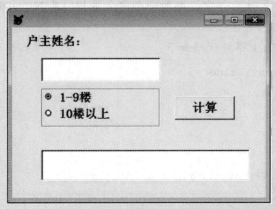

图 7-60　添加用户界面

设置控件属性如下。

有 4 个标签，其 Name 属性分别为 Label1、Label2、Label3 和 Label4，Caption 属性分别为"用户名""密码""确认密码"、（空）；有 3 个文本框，其 Name 属性分别为 Text1、Text2、Text3；有两个命令按钮，其 Name 属性分别为 Command1 和 Command2，Caption 属性分别为"确定"和"取消"。

编写 Visual FoxPro 程序实现"添加用户"的功能，具体功能如下。

在 Text1 文本框中输入用户名、在 Text2 文本框中输入密码、在 Text3 文本框中输入确认密码，然后单击"确定"按钮；如果"用户名"为空，则在 Label4 上显示"用户名不能为空！"；如果输入的用户名在"用户"表中存在，则在 Label4 上显示"用户已存在！"；如果用户名不为空、也不在"用户"表中存在，则判断 Text2 和 Text3 中输入的密码和确认密码（要求密码只能是数字或字母，不能是其他字符，如果输入了其他字符，则在 Label4 中显示"密码使用了不合法的字符！"）是否相同，如果不相同，则在 Label4 中显示"请输入相同密码！"；如果不发生以上情况，则将用户信息添加到"用户"表中（密码进行简单的加密处理，将密码串中的每个字符按 ASCII 码变为其后的第二个字符，如 0 变成 2，1 变成 3，a 变成 c），并在 Label4 中显示"成功添加新用户！"。

Command1（"确定"按钮）的 Click 事件如下，请在空白位置填写正确的命令。（代码中行末的分号为逻辑行连接符）

```
U1=THISFORM.TEXT1.VALUE
PW1=THISFORM.TEXT2.VALUE
OPEN DATABASE XXGL
TEMPCHR=""
IF TRIM(U1)==""
    THISFORM.LABEL4.CAPTION="用户名不能为空！"
ELSE
    SELECT COUNT(用户名) AS GESHU FROM 用户 WHERE;
```

```
    UPPER（用户名）=UPPER（TRIM（THISFORM.TEXT1.VALUE））INTO DBF BIAO
        USE BIAO
        IF GESHU>0
          THISFORM.LABEL4.CAPTION=" 用户已存在！"
        ELSE
          IF TRIM（THISFORM.TEXT2.VALUE）==TRIM（THISFORM.TEXT3.VALUE）
            TEMPSTR=""
            FOR I=1 TO LEN（TRIM（PW1））
            _____

            IF MIMA>='0' AND MIMA<='9' OR MIMA>='a' AND MIMA<='z' OR; MIMA>='A'
AND MIMA<='Z'
                  TEMPCHR=ASC（SUBSTR（PW1，I，1））+2
            _____

          ELSE
              THISFORM.LABEL4.CAPTION=" 密码使用了不合法的字符！"
              EXIT FOR
          ENDIF
        ENDFOR
        IF I>LEN（TRIM（PW1））
            DIMENSION B（1，2）
            B（1，1）=U1
            B（1，2）=TEMPSTR
            INSERT INTO 用户 VALUES（b（1，1），b（1，2））
            THISFORM.LABEL4.CAPTION=" 成功添加新用户！"
        ENDIF
      ELSE
      _____

    ENDIF
  ENDIF
ENDIF
```

3. 新建一个表单，表单的Name属性为Form1，程序运行时的界面如图7-61所示：

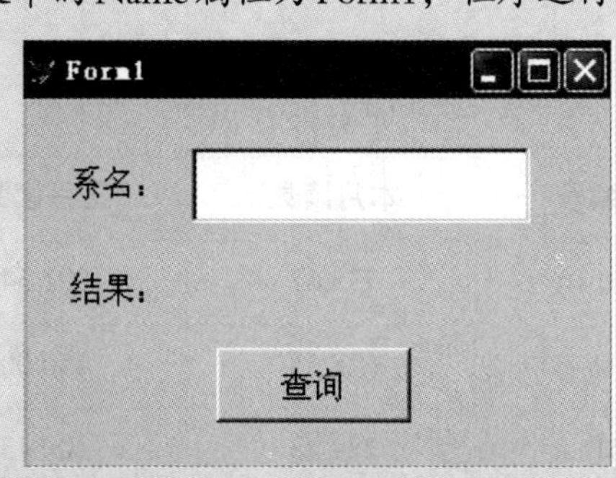

图 7-61　程序运行时的界面

设置控件属性如下。

有 3 个标签，其 Name 属性分别为 Label1、Label2 和 Label3，Caption 属性分别为"系名："""结果："、（空）；有一个文本框，其 Name 属性为 Text1；有一个命令按钮，其 Name 属性为 Command1，Caption 属性为"查询"。

有如下的事件代码。

Form1 的 Activate 事件：

```
THISFORM.TEXT1.VALUE=" 计算机 "
```

Command1 的 Click 事件：（代码中行末的分号为逻辑行连接符）

```
STR=TRIM（THISFORM.TEXT1.VALUE）
OPEN DATABASE XK
SELECT 系号 AS XH, COUNT（DISTINCT 姓名）AS G_XM FROM T_XX GROUP BY;
系号 INTO DBF TS_1
SELECT  COUNT（DISTINCT 姓名）AS S_XM FROM T_XX INTO DBF TS_2
USE TS_2
GO TOP
S_XM=TS_2.S_XM
SELECT XH, G_XM FROM TS_1 WHERE XH=（SELECT 系号 FROM X_XX WHERE;
系名 =STR）INTO DBF TS_3
USE TS_3
GO TOP
DO WHILE NOT EOF（）
THISFORM.LABEL3.CAPTION=STR（TS_3.G_XM, 3）+"/"+STR（S_XM, 3）
SKIP
ENDDO
CLOSE ALL
```

运行上面的表单，在 Label3 中显示的是：＿＿＿＿＿＿＿＿＿＿＿＿＿。

4. 现有数据库文件 WATER.dbc，包含两个表，分别是 WATERMETER.dbf 和 USEB.dbf。其中 WATERMETER 表的结构为：水表编号（C, 8），本月读数（N, 10, 2），上月读数（N, 10, 2），使用数（N, 10, 2）；USEB 表的结构为：户主姓名（C, 10），房间编号（C, 6），水表编号（C, 8）。

其表中数据如表 7-1 和表 7-2 所示。

表 7-1　WATERMETER.dbf

| 记录号 | 水表编号 | 本月读数 | 上月读数 | 使用数 |
| --- | --- | --- | --- | --- |
| 1 | 3-1001-A | 235.67 | 201.34 | |
| 2 | 3-1002-B | 678.34 | 450.00 | |
| 3 | 2-0101-A | 289.23 | 200.43 | |

表 7-2　USEB.dbf

| 记录号 | 户主姓名 | 房间编号 | 水表编号 |
|---|---|---|---|
| 1 | 张斌 | 3-1001 | 3-1001-A |
| 2 | 王阳新 | 3-1002 | 3-1002-B |
| 3 | 马国庆 | 2-0101 | 2-0101-A |

新建一个表单，程序运行时的界面如图 7-62 所示。

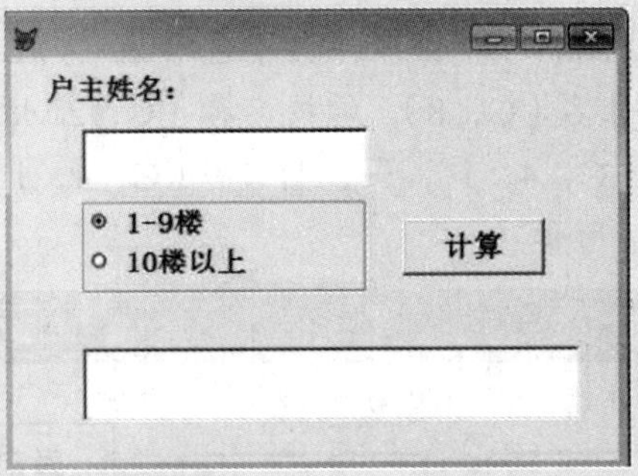

图 7-62　程序运行时的界面

表单中，有一个标签，其 Name 属性为 Label1，Caption 属性为"户主姓名："；有两个文本框，其 Name 属性分别为 Text1 和 Text2；有一个命令按钮，其 Name 属性为 Command1，Caption 属性为"计算"；有一个选项按钮组，其 Name 属性为 Optiongroup1，其中包含两个单选按钮，一个的 Name 属性为 Option1、Caption 属性为"1-9 楼"，另一个的 Name 属性为 Option2、Caption 属性为"10 楼以上"。

Command1 的 Click 事件代码如下（代码中行末的分号为逻辑行连接符）：

```
OPEN DATABASE WATER
UPDATE WATERMETER SET 使用数=本月读数-上月读数
SELECT（MAX（使用数）+MIN（使用数））/2 AS AB FROM WATERMETER INTO TABLE MAB
USE MAB
GO TOP
XAB=AB
XM=TRIM（THISFORM.TEXT1.TEXT）
SELECT 水表编号,使用数 FROM WATERMETER WHERE 水表编号 IN（SELECT;
水表编号 FROM USEB WHERE 户主姓名=XM）
IF THISFORM.OPTIONGROUP1.OPTION1.VALUE=1
IF 使用数>XAB
JIEGUO=XAB*3.5+（使用数-XAB）*10
ELSE
JIEGUO=使用数*3.5
ENDIF
ELSE
IF 使用数>XAB
JIEGUO=XAB*3.5+（使用数-XAB）*10+50
```

```
ELSE
JIEGUO= 使用数 *3.5+50
ENDIF
ENDIF
THISFORM.TEXT2.VALUE=XM+" " +" 应收金额 ="+STR（JIEGUO）
```

运行上面的表单，在 Text1 中输入"王阳新"，选中"10 楼以上"单选按钮，单击"计算"按钮，则在 Text2 中显示的是：＿＿＿＿＿＿＿＿＿＿。

5. 已知有"KSSCORE.dbc"数据库，其中包含表"CJB.dbf"，"CJB.dbf"表的结构为准考证号（C，9），姓名（C，8），学校名称（C，20），班级名称（C，10），科目 1（C，4，1），科目 2（C，4，1），…，科目 9（C，4，1）（共 9 个科目）。应用程序运行时的界面如图 7-63 所示。

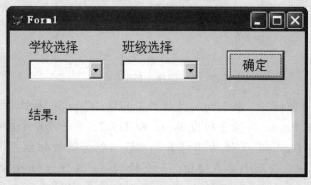

图 7-63　应用程序运行时的界面

设置控件属性如下。

有三个标签，其 Name 属性分别为 Label1、Label2 和 Label3，Caption 属性分别为"学校选择""班级选择""结果："；有一个文本框，其 Name 属性为 Text1；有两个组合框，其 Name 属性分别为 Combo1 和 Combo2，其中分别列出了供选择的学校和班级（属性中已设置，代码中直接使用）；有一个命令按钮，其 Name 属性为 Command1，Caption 属性为"确定"。

编写 Visual FoxPro 程序，实现功能如下。

在 Combo1 中选择一个学校，在 Combo2 中选择一个班级，单击 Command1（"确定"按钮），则在 Text1 中显示该学校该班级 9 个科目优秀率的相关数据（每个科目优秀的标准是相应科目 >=90，优秀率 = 相应科目优秀的人数 / 该学校该班人数 * 100%）。

Command1（"确定"按钮）的 Click 事件代码如下，请在画线位置填写正确的内容。（注：代码中行末的分号为逻辑行连接符）

```
XXMC=THISFORM.COMBO1.VALUE
BJMC=THISFORM.COMBO2.VALUE
OPEN DATABASE KSSCORE
SELECT 学校名称，班级名称，COUNT（准考证号）AS 班级人数 FROM CJB GROUP BY;
学校名称，班级名称 INTO TABLE YXLTJTMP
SELECT * FROM  CJB.DBF INTO DBF BJYXLTJB
```

```
ZAP
ALTER TABLE BJYXLTJB DROP COLUMN 准考证号
ALTER TABLE BJYXLTJB DROP COLUMN 姓名
ALTER TABLE BJYXLTJB ADD 班级人数 N(4,0)

_____

FOR K=1 TO 9
    FKMRS="科目 " + RTRIM(LTRIM(STR(K)))
    ALTER TABLE BJYXLTJB ALTER  &FKMRS N(4,0)
ENDFOR
FOR I=1 TO 9
    KMC="科目 "+RTRIM(LTRIM(STR(I)))
    SELECT 学校名称,班级名称,COUNT(准考证号)AS KMCRS FROM  CJB;
    WHERE_____GROUP BY  学校名称,班级名称 INTO DBF TJYXFTMP
    SCAN
UPDATE BJYXLTJB SET &KMC=TJYXFTMP.KMCRS WHERE BJYXLTJB.学校名称;
       =TJYXFTMP.学校名称  AND BJYXLTJB.班级名称 =TJYXFTMP.班级名称
    ENDSCAN
ENDFOR
JIEGUO=""
JIEGUO=XXMC+"  " +BJMC
FOR K=1 TO 9
KMMC="科目 " +RTRIM(LTRIM(STR(K)))
SELECT &KMMC AS KMRS,班级人数 FROM BJYXLTJB WHERE 学校名称 =XXMC;
AND 班级名称 =BJMC INTO DBF YXJG
JIEGUO=JIEGUO+"  " +KMMC+":"+RTRIM(LTRIM(STR(KMRS/班级人数*100)))+"%"
ENDFOR

_____
```

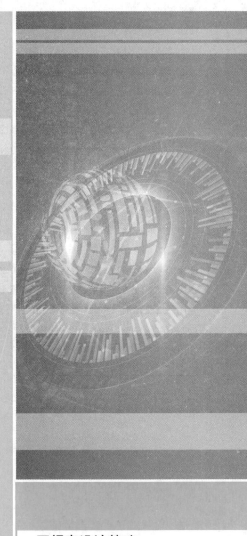

# 项目 8

## 报表设计

- ■报表设计基础
- ■使用向导创建报表
- ■使用设计器创建报表
- ■打印报表

1. 能够使用向导创建报表。
2. 能够使用设计器创建报表。
3. 能创建分组报表。
4. 在报表中灵活运用常用控件。
5. 掌握报表预览与打印的基本方法。

# 8.1　报表设计基础

报表（Report）是将数据及数据处理的结果以用户要求的格式打印出来的一种文件。

## 1. 报表的基本组成

（1）数据源：形成报表信息来源的基础。

（2）布局：报表的打印格式。

## 2. 常规报表布局

常用的报表布局如图 8-1 所示。

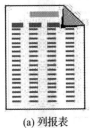  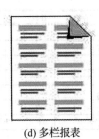 

(a) 列报表　　(b) 行报表　　(c) 一对多报表　　(d) 多栏报表　　(e) 标签

图 8-1　常见的报表布局

## 3. 报表的保存

报表文件的扩展名为 .frx，同时每个报表文件还有扩展名为 .frt 的报表备注文件。

报表文件只存储报表数据源的位置、报表需要输出的内容和页面布局等说明，并不保存数据源中的数据值。当数据源中的数据变动后，运行报表文件得到的报表内容将随之相应改变。

## 4. 创建报表

Visual FoxPro 9.0 为用户提供了 3 种创建报表的方法。

（1）报表向导。利用报表向导可以创建简单的报表或多表报表，由它自动提供报表设计器的定制功能，这是创建报表最简单的途径。

（2）快速报表。快速报表能以最快速的方式创建简单的报表。

（3）报表设计器。报表设计器不仅可以创建任意定制的报表，还可以对用任意方式产生的报表进行修改，使之更加完善与适用。

## 8.2 使用向导创建报表

报表向导是创建报表的一种常用方法。如果报表的数据源单一，要求的格式不复杂，则使用报表向导创建比较方便。Visual FoxPro 9.0 为用户提供了两种类型的报表向导，即单一报表向导和一对多报表向导。

启动报表向导的方法如下。

（1）通过执行"文件"→"新建"命令或单击"标准"工具栏上的"新建"按钮。

（2）通过执行"工具"→"向导"→"报表"命令。

（3）通过项目管理器启动。

### 8.2.1 创建单一报表

创建单一报表就是使用向导中的报表向导，快速地创建基于一个表或视图的报表。

【例 8-1】以"XSCJ.dbf"为数据源，创建按性别分组的报表，如图 8-2 所示。

图 8-2 按性别分组的报表

具体操作步骤如下。

【步骤1】选择"项目管理器"→"文档"→"报表"选项，单击"新建"按钮，并单击"报表向导"按钮，打开"向导选取"对话框，如图 8-3 所示，选择"报表向导"选项，单击"确定"按钮。

【步骤2】字段选取，即选择在报表中输出的字段。首先在"数据库和表"列表框中选择报表的数据源，此处为"XSDA"；然后选择所需字段，此处为"学号、姓名、性别、入学成绩、团员"5 个字段，如图 8-4 所示；最后单击"下一步"按钮。

【步骤3】分组记录。在如图 8-5 所示的对话框中选择分组方式，最多可以选择 3 级分组，此处选择"性别"字段。单击"下一步"按钮。

【步骤 4】选择报表样式。在如图 8-6 所示的对话框中选择报表的样式。单击"下一步"按钮。

【步骤 5】定义报表布局。在如图 8-7 所示的对话框中定义报表布局。可以通过"列数""字段布局"和"方向"的设置来定义报表的布局。其中,"列数"定义报表的分栏数;"字段布局"指定报表是列报表还是行报表;"方向"定义报表在打印纸上的打印方向是横向还是纵向。单击"下一步"按钮。

【步骤 6】排序记录。选择按入学成绩从低到高(即升序)进行排序,如图 8-8 所示。最多可以设置 3 个排序字段。单击"下一步"按钮。

【步骤 7】完成。可以在这一步设置报表的标题,在离开向导之前预览报表,以及选择退出向导的方式,如图 8-9 所示。

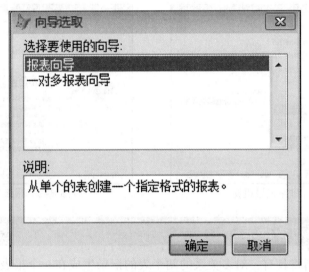

图 8-3　"向导选取"对话框

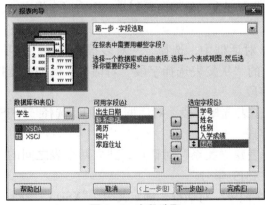

图 8-4　字段选取

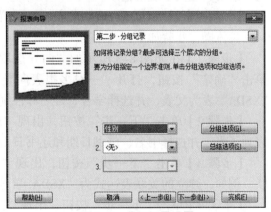

图 8-5　分组记录设置

图 8-6 选择报表样式

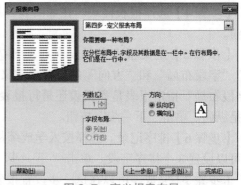

图 8-7 定义报表布局

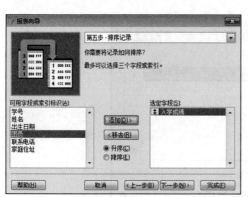

图 8-8 排序记录设置

图 8-9 报表创建完成

## 8.2.2 创建一对多报表

一对多报表是指将具有一对多关系的两个表的记录生成在一个报表中。内容包括父表中的记录及其相关子表的记录。

【例 8-2】以"XSDA"表为父表,"XSJS"表为子表,使用向导创建一个一对多报表。

具体操作步骤如下。

【步骤 1】在如图 8-3 所示的"向导选取"对话框中,选择"一对多报表向导"选项,单击"确定"按钮,打开"一对多报表向导"的"从父表选择字段"对话框。例如,选择"XSDA"表为父表,并选择学号、姓名和性别字段。

【步骤 2】单击"下一步"按钮,出现"从子表选择字段"对话框。例如,选择"XSJS"表为子表,并选择书名、借书日期和还书日期字段。

【步骤 3】单击"下一步"按钮,出现"为表建立关系"对话框,建立两个表之间的关联。例如,建立的关联表达式为"XSDA. 学号 =XSJS. 学号"。

【步骤 4】单击"下一步"按钮,出现"排序记录"对话框,确定父表("XSDA"表)中记录的输出次序。例如,按"XSDA. 学号"升序排序。

【步骤 5】单击"下一步"按钮,出现"选择报表样式"对话框,确定报表样式及总结选项。例如,选择"账务式"报表样式。

【步骤 6】单击"下一步"按钮,出现报表"完成"对话框,要求输入报表标题及保存报表方式等。例如,报表标题为"学生借阅情况一览表"。单击"完成"按钮,输入报表文件名"借阅报表 .frx",保存创建的一对多报表文件。一对多报表预览结果如图 8-10 所示。

【提示】

　　"一对多报表向导"的创建步骤与单一报表类似，只是在"字段选取"中，需要从父表和子表中选取所需字段，还要选择决定两个表之间关系的字段。

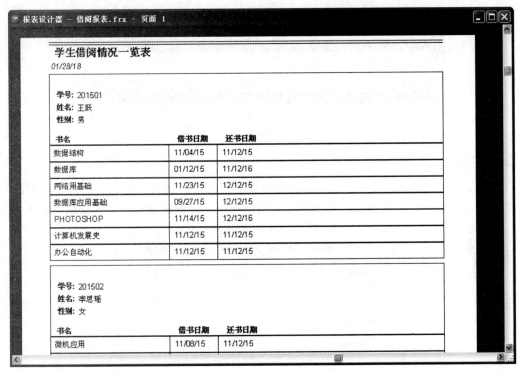

图 8-10　一对多报表预览结果

【练一练】

　　以"XSDA"表为父表，"XSCJ"表为子表，使用向导创建一个一对多报表，样式自定。

# 8.3　使用设计器创建报表

　　用户可以使用报表设计器自行设计报表，在报表中添加标题、字段及控件，通过调整报表中的控件，达到美化报表的目的。

## 8.3.1　报表设计器的组成

　　自行设计报表需要用到"报表设计器"窗口，如图 8-11 所示。"报表设计器"窗口中的空白区域称为带区，报表布局中默认有 3 个基本带区：页标头、细节和页注脚。
　　（1）页标头：在每一页报表的上方，常用来放置字段名称和日期等信息。
　　（2）细节：报表的内容。例如，每条记录打印一次。
　　（3）页注脚：在每一页报表的下方，常用来放置页码和日期等信息。

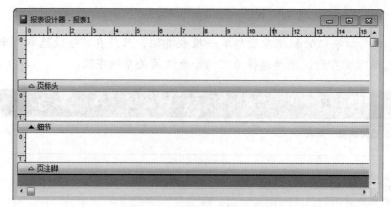

图 8-11 "报表设计器"窗口

### 1. 带区设置

（1）设置标题和总结带区。在"报表设计器"窗口中，选择"报表"→"可选带区"选项卡，在打开如图 8-12 所示的"报表属性"对话框中，设置报表标题带区或总结带区。

图 8-12 "报表属性"对话框

一对多报
表创建

如果选择"报表有标题带区"和"报表有总结带区"选项，在"报表设计器"窗口中添加了标题和总结两个带区，如图 8-13 所示。

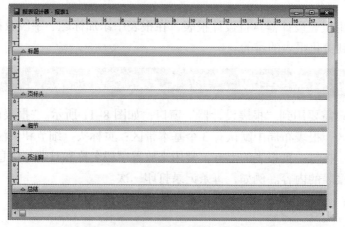

图 8-13 添加标题和总结带区后的"报表设计器"窗口

（2）设置列标头和列注脚带区。在设计多栏报表中，经常要设置"列标头"和"列注脚"带区。

选择"文件"→"页面设置"选项，在设置报表页面时，设置报表的列数大于1，在"报表设计器"窗口中还会出现列标头和列注脚两个带区。

①列标头：用于打印在每一列（一栏）的标头。

②列注脚：用于打印在每一列（一栏）的注脚。

（3）设置组标头和组注脚带区。该设置只对分组的数据产生效果。

选择"报表"→"数据分组"命令，就可以进入"报表属性"对话框。在此可以对"组标头""组注脚"进行设置。

①组标头：数据分组每组打印一次。

②组注脚：数据分组每组打印一次。

（4）调整带区高度。使用以下两种方法来调整带区高度。

①用鼠标指针选中某一带区标识栏，上、下拖动该带区，改变带的高度。

②双击需要调整高度的带区的标识栏，系统将弹出一个对话框，在该对话框中可以对带区的高度进行精确的设置。

报表带区的名称及含义如表 8-1 所示。

表 8-1　报表带区的名称及含义

| 带区名称 | 含　义 |
| --- | --- |
| 标题 | 显示报表总标题，每张报表只显示或打印一次 |
| 页标头 | 显示报表的页标题，当报表有多页时，在页面上方，每页显示或打印一次 |
| 列标头 | 显示报表的列标题，一般每列应指定一个列标头标签控件 |
| 组标头 | 当将数据分组显示时，每组显示一次 |
| 细节 | 它是报表最重要的带区，每条符合条件的记录都在此带区出现一次，构成报表内容的主体 |
| 组注脚 | 当将数据分组显示时，每组显示一次，它和组标头分别显示在组的首尾 |
| 列注脚 | 显示在每列的最后，它和"组标头"相对应，但一般不设列注脚 |
| 页注脚 | 显示报表的页注脚，当报表有多页时，在页面下方，每页显示或打印一次 |
| 总结 | 显示报表的总结，每张报表只显示或打印一次 |

## 2. 设置数据源

设计报表的最终目的是输出数据库中的数据，因此报表必须指定数据来源。报表的数据源可以是数据库表、自由表或视图。数据表中的字段是设计报表的基础，字段的内容就是报表输出的内容。在使用"报表向导"和"快速报表"窗口创建报表时，均有选择数据源的操作，而使用"报表设计器"窗口设计报表时可以从一个空白报表开始，此时，就需要为报表指定数据源来提供数据。

具体操作步骤如下。

【步骤1】在"报表设计器"窗口的工具栏上单击"数据环境"按钮 ，或者执行"显示"→"数据环境"命令，打开"数据环境设计器"窗口。

【步骤2】执行"数据环境"→"添加"命令，打开"添加表或视图"对话框，如图 8-14 所示。

【步骤3】选择作为数据源的表或视图，这里依次选择"XSDA"和"XSCJ"，并单击"添加"按钮将其添加到"数据环境设计器"窗口中,如图 8 –15 所示,关闭"添加表或视图"对话框。

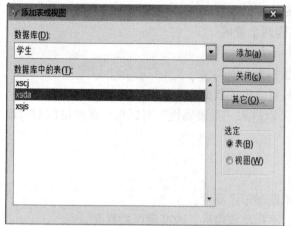

图 8-14 "添加表或视图"对话框

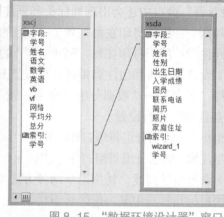

图 8-15 "数据环境设计器"窗口

## 8.3.2 报表控件

在报表中的标题、图标、页标头、日期及时间等,都需要用添加控件的方法来实现。报表控件有标签、域控件、线条、矩形、圆角矩形、图片 /OLE 绑定型控件等,添加控件可以执行"显示"→"报表控件"命令,可显示如图 8-16 所示的"报表控件"工具栏,该工具栏中各按钮及其功能,如表 8-2 所示。

图 8-16 "报表控件"工具栏

表 8-2 "报表控件"工具栏中各按钮及其功能

| 按钮 | 名称 | 功能 |
|---|---|---|
| ▶ | 选定对象 | 选取报表中的对象 |
| A | 标签 | 用于添加任意文本 |
| abl | 域控件 | 用于添加表字段、内存变量和其他表达式 |
| ┼ | 线条 | 用于在报表上添加各种线条样式 |
| ▢ | 矩形 | 用于在报表上添加矩形和边界 |
| ◯ | 圆角矩形 | 用于在报表上添加圆形、椭圆形、圆角矩形和边界 |
| OLE | 图片 /OLE 绑定型控件 | 用于在报表上添加位图或通用型字段 |
| ▣ | 按钮锁定 | 连续选取多个相同的控件 |

## 1. 添加标签控件

　　报表的标题及页标头等，需要使用标签控件。标签控件是最常用的一种控件，在报表中显示文本内容，它可以单独使用，也可以和其他控件结合使用。

　　【例 8-3】在"标题"带区添加标题："学生成绩一览表"；在"页标头"带区添加标头："学号""姓名""语文""数学""英语"和"成绩"；在"总结"带区中添加："平均成绩："标签，结果如图 8-17 所示。

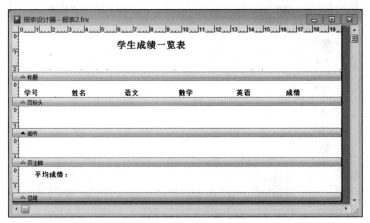

图 8-17　添加标签后的报表

## 2. 添加图片 /OLE 绑定型控件

　　为美化报表，有时需在报表中添加图片，如公司的标志、学校的校徽等。下面介绍如何添加图标（假设该图片文件名为校徽 .gif）。

　　具体操作步骤如下。

　　【步骤 1】单击"报表控件"→"图片 /OLE 绑定型控件"按钮，移动鼠标指针指向"标题"带区的适当位置并单击，出现"图片 /OLE 绑定属性"对话框，如 8-18 所示。

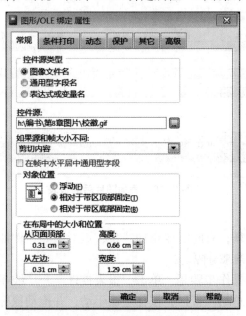

图 8-18　"图片 /OLE 绑定属性"对话框

【步骤2】首先选择控件源类型；然后指定控件源，在"如果源和帧大小不同"下拉列表框中选择当控件的大小与指定源的大小不一致时如何处理，一般选择"度量内容，保留形状"；最后在"对象位置"选项区域确定图片对象相对于带区的位置。单击"控件源"下拉列表框右侧的▓按钮，弹出"打开图片"对话框，并选择图片，如图8-19所示。

图8-19 "打开图片"对话框

【步骤3】单击"确定"按钮，返回"图形 / OLE绑定属性"对话框，此时指定了控件源，单击"确定"按钮，将该控件添加到"报表设计器"窗口中相应带区的指定位置，如图8-20所示。

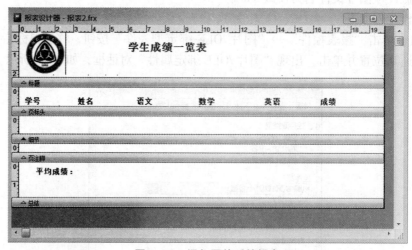

图8-20 添加图片后的报表

（1）添加线条控件。

为使报表中各栏目清晰，有时需要添加线条、矩形框等。例如，标题带区与页标头带区之间，总结带区中都用线条来分隔。

添加线条控件的具体操作步骤是：单击"报表控件"→"线条"按钮，分别移动鼠标指针指向"标题"带区和"总结"带区，按住左键不动，并拖动鼠标，则添加了一条直线，如图8-21所示。

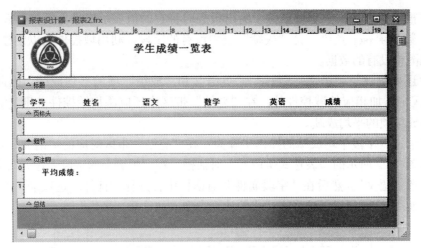

图 8-21  添加线条控件的报表

（2）添加域控件。

报表设计中的域控件包括字段、变量和表达式，报表打印时，将它们的值打印出来。添加域控件有两种方法：一是从数据环境中添加；二是利用"报表控件"工具栏的域控件添加。

①从数据环境中添加。

在"数据环境设计器"窗口中，选择要添加数据表中的字段，并单击将该字段拖到报表区域。例如，将"数据环境设计器"窗口中"XSCJ"表的"学号""姓名""语文""数学""英语"字段分别拖到"细节"带区内，并与"页标头"带区内相应的标头对齐。

②从"报表控件"工具栏中添加。

具体操作步骤如下。

【步骤1】单击"报表控件"工具栏中的"域控件"按钮，将鼠标指针指向要放置域控件的位置并单击，这时出现"表达式生成器"对话框，如图8-22所示。

【步骤2】在"表达式生成器"对话框中的"报表上的字段表达式"文本框中，输入一个字段表达式，如"成绩"标头对应的表达式为：xscj. 语文 + xscj. 数学 + xscj. 英语。

【步骤3】在"字段属性"对话框中，选择"格式"选项卡，打开"格式"设置页面，如图 8-23 所示，可以对数据格式进行设置。

图 8-22  "表达式生成器"对话框

图 8-23  "格式"设置页面

此时在报表中添加了一个域控件，输出报表时将它的值显示出来。例如，表达式：xscj. 语文 + xscj. 数学 + xscj. 英语"是"成绩"表中没有的字段，利用域控件可以创建该表达式，显示表或视图中没有的数据。

例题中还要求计算"语文""数学""英语"和"成绩"项的平均成绩。因此，除了在"细节"带区中添加相应的域控件外，在"总结"带区中还应添加域控件分别计算语文、数学、英语和成绩项的平均成绩。

计算"语文"字段平均成绩的操作步骤为：在"总结"带区对应的"语文"页标头的位置，打开如图 8-22 所示的"表达式生成器"对话框，在"报表上的字段表达式"文本框中输入相应的字段"语文"。然后在"字段属性"对话框中，选择"计算"选项卡，出现"计算"设置页面，如图 8-24 所示，选择表达式的计算类型，如选择"平均"选项。

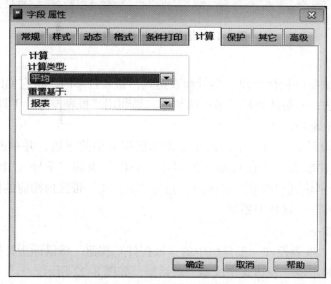

图 8-24 "计算"设置页面

同样的方法，在"总结"带区中添加计算"数学""英语"和"成绩"计算平均值的域控件及日期、页码域控件，其中页码使用系统提供的 _pageno 变量，日期域控件使用 DATE（）函数。

添加域控件后的报表布局如图 8-25 所示。

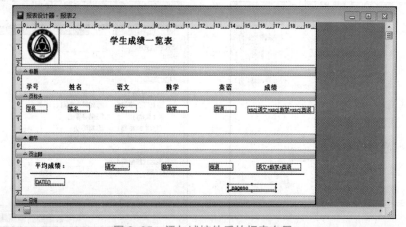

图 8-25 添加域控件后的报表布局

到此为止，在“报表设计器”窗口中使用报表控件设计的报表完成，如图 8-26 所示。

**学生成绩一览表**

| 学号 | 姓名 | 语文 | 数学 | 英语 | 成绩 |
|---|---|---|---|---|---|
| 201501 | 王跃 | 89.0 | 90.0 | 82.0 | 261.0 |
| 201502 | 李思瑶 | 78.0 | 86.0 | 87.0 | 251.0 |
| 201503 | 史工其 | 95.0 | 93.0 | 78.0 | 266.0 |
| 201504 | 王奥 | 88.0 | 89.0 | 92.0 | 269.0 |
| 201505 | 李硕 | 90.0 | 86.0 | 78.0 | 254.0 |
| 201506 | 汤明亮 | 85.0 | 82.0 | 76.0 | 243.0 |
| 201507 | 张琴 | 94.0 | 93.0 | 68.0 | 255.0 |
| 201508 | 龚玉莹 | 91.0 | 96.0 | 83.0 | 270.0 |
| 201509 | 张芳略 | 91.0 | 95.0 | 96.0 | 282.0 |
| 201510 | 高子欣 | 94.0 | 93.0 | 90.0 | 277.0 |
| 平均成绩： | | 89.5 | 90.3 | 83.0 | 262.8 |

02/05/18　　1

图 8-26　报表结果图

使用 Create Report 命令可以创建报表，Modify Report 命令用于修改报表。

## 8.3.3　报表分组

报表（Report）中的数据是按照数据源中的记录顺序输出的，数据分组将重组数据源中原来的记录，使数据按分组条件重新排列。用户可以利用索引、排序、查询或视图等方式改变记录的顺序。若数据源是一个表，应按分组关键字建立索引并将该索引设置为主控索引。若报表中有多个分组，则主控索引的索引表达式应包含所有的分组关键字，且顺序应与分组一致。

【例 8-4】以“XSDA”为基础，建立如图 8-27 所示的“学生基本情况”报表。

**学生基本情况**

| 性别 | 学号 | 姓名 | 入学成绩 | 出生日期 |
|---|---|---|---|---|
| 男 | | | | |
| | 201501 | 王跃 | 444.0 | 01/20/00 |
| | 201504 | 王奥 | 490.0 | 11/19/99 |
| | 201505 | 李硕 | 495.0 | 03/09/99 |
| | 201506 | 汤明亮 | 484.0 | 10/01/99 |
| | 201507 | 张琴 | 451.0 | 01/07/00 |
| | 201509 | 张芳略 | 468.0 | 01/21/98 |
| 合计：6 | | | | |
| 女 | | | | |
| | 201502 | 李思瑶 | 460.0 | 09/17/00 |
| | 201503 | 史工其 | 469.0 | 11/12/00 |
| | 201508 | 龚玉莹 | 487.0 | 06/04/97 |
| | 201510 | 高子欣 | 481.0 | 01/21/99 |
| 合计：4 | | | | |
| 总计：10 | | | | |

图 8-27　“学生基本情况”报表

具体操作步骤如下。

【步骤1】执行"文件"→"新建"命令,打开"新建"对话框,选中"报表"单选按钮,单击"新建文件"按钮,打开"报表设计器"窗口,执行"文件"→"另存为"命令,打开"另存为"对话框,在"保存报表为"文本框中输入文件名"学生基本情况表",单击"确定"按钮,保存报表文件。

【步骤2】添加数据源。首先在"报表设计器"窗口中右击,在弹出的快捷菜单中选择"数据环境"选项,打开"数据环境"窗口,将"XSDA"添加到数据环境中,并设置主控索引为按"性别"索引。

【步骤3】依次将性别、学号、姓名、入学成绩和出生日期等字段由数据环境直接拖曳到"细节"带区,并水平对齐排列。

【步骤4】在"细节"带区中添加"线条"控件。

【步骤5】在"页标头"带区中依次添加"标签"控件,内容分别为性别、学号、姓名、入学成绩、出生日期,并设置属性为宋体四号粗体。

【步骤6】分别在"页标头"带区上部和下部添加两个"线条"控件。

【步骤7】添加分组。执行"报表"→"数据分组"命令,或者在"报表设计器"窗口中右击,在弹出的快捷菜单中选择"数据分组"选项,打开如图8-28所示的"报表属性"对话框,并选择"数据分组"选项卡。

【步骤8】单击"添加"按钮,打开"表达式生成器"对话框,在其中可输入分组表达式。这里双击"字段"下拉列表框中"性别"字段,将其添加到"由表达式分组记录"文本框中,如图8-29所示。

【步骤9】单击"确定"按钮,返回"报表属性"对话框,此时分组关键字"性别"将自动添加到"分组在"文本框中,如图8-30所示。此时,可根据实际需要对分组进行相应的设置。

①分组开始于"新行":表示新的一组数据是否输出到下一行。

②分组开始于"新列":表示该选项只有多列报表才可选,新的一组数据从下一列开始。

③分组开始于"新页":表示新的一组数据是否从下一页开始。

④分组开始于"新页码":表示是否将新的一组数据输出到下一页且页号重置为1。

⑤在每页上重新打印分组标头:表示当同一组数据分布在多页上时,是否每一页都打印组标头。

⑥小于下值时在新页上开始分组:微调按钮项的含义是当页面剩余空间较小时,可能只输出组标头,而组中的数据输出到下一页,可适当修改该值以避免这种情况。

图8-28 "报表属性"对话框之"数据分组"选项卡

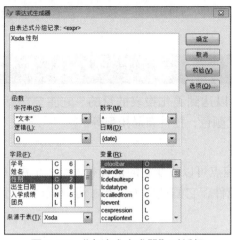

图 8-29 "表达式生成器"对话框

图 8-30 添加分组关键字

【步骤 10】单击"确定"按钮完成分组操作，此时"报表设计器"窗口中将增加和分组有关的"组标头"带区和"组注脚"带区。

【步骤 11】在带区内放置需要的控件。通常把分组所用的字段控件从"细节"带区移动到"组标头"带区。这里将"性别"字段从"细节"带区拖曳到"组标头"带区；在"组注脚"带区添加"标签"控件"合计："和"字段"控件，其表达式为"学号"，计算方式为"计数"，重置基于"分组"。

【步骤 12】执行"报表"→"可选带区"命令，打开"报表属性"对话框，选中"报表有标题带区"复选框和"报表有总结带区"复选框，单击"确定"按钮，添加"标题"带区和"总结"带区。

【步骤 13】在"标题"带区添加"标签"控件，内容为"学生基本情况"，设置属性为隶书二号粗体。添加"圆角矩形"控件，线条设为 2 磅实线。调整"标题"带区大小并设置居中对齐。

【步骤 14】在"总结"带区添加"标签"控件"总计："和"字段"控件。"字段"控件表达式为"学号"，计算方式为"计数"，重置基于"报表"。此时"报表设计器"窗口的布局如图 8-31 所示。

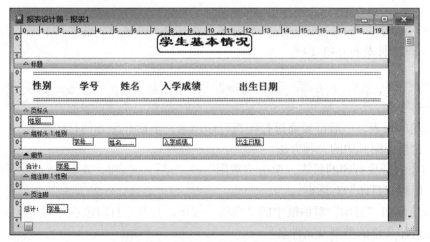

图 8-31 "报表设计器"窗口的布局

【步骤 15】保存该报表的修改，单击标准工具栏上的"打印预览"按钮，查看最终效果，如图 8-27 所示。

## 8.3.4 修饰报表

对报表的修饰，就是对报表中各控件的修饰，以达到美化报表的目的。它主要包括选择、移动、删除控件，设置控件的字体和字号，设置颜色，控件布局排列等。

### 1. 选择、移动、删除控件

在调整报表控件之前，必须先选择控件，通过控点可以改变它的位置和大小。也可以同时对多个控件进行操作，按下 Shift 键，选择多个控件，它们被作为一组，可以同时进行移动、删除等操作。

### 2. 设置字体和字号

报表中的不同栏目的内容可以设置不同的字体和字号，以增强报表的效果。在创建报表时显示控件的默认中文字体为宋体，字号为小五号。

设置控件字体和字号的操作方法是：在"报表设计器"窗口中，选择要设置字体和字号控件，执行"格式"→"字体"命令，出现"字体"对话框，选择字体和字号。

### 3. 设置控件颜色

对报表中的控件，特别是图片和标题，设置前景色或背景色，能够使报表更美观。设置控件颜色的方法是：首先选中要设置颜色的控件，然后单击"显示"菜单中的"调色板"工具栏，打开"调色板"工具栏，可以设置控件的前景色和背景色。

### 4. 布局排列

在创建报表时，往往需要调整各个控件的布局排列，包括控件对齐、间距，文本对齐方式等。

操作时选择要调整布局的一个或一组控件，然后单击"格式"菜单，选择一种布局。"对齐"子菜单中包括左边对齐、右边对齐、顶边对齐、底边对齐、垂直居中对齐、水平居中对齐等。

【练一练】

设计一个报表，列出"XSDA"表的所有学生信息，并统计出总人数和平均入学成绩，在报表上方设置标题和打印日期。

## 8.4 打印报表

用户创建的报表，一般都要通过打印机打印出来。下面介绍如何打印报表。打印报表的方法很多，这里介绍其中的一种方法。

【步骤 1】打开要打印的报表，单击"常用"→"运行"按钮，或者执行"文件"→"打印"命令，出现"打印"对话框。

【步骤 2】单击"打印"对话框中的"选项"按钮，打开"打印选项"对话框，如图 8-32 所示的设置打印文件的类型及文件名。

【步骤 3】当选择打印的"类型"为报表或标签时，单击对话框中的"选项"按钮，出现

"报表和标签打印选项"对话框，如图 8-33 所示，用户设置打印记录的范围和条件，只有满足条件的记录才能被打印出来。

【步骤 4】单击"确定"按钮，打印符合条件的记录报表。

图 8-32　"打印选项"对话框　　　　图 8-33　"报表和标签打印选项"对话框

## 巩固提升

### 一、填空题

1. 创建报表使用的数据源是_____、_____或_____。

2. 报表的总体布局可以分为_____、_____、_____、_____和标签 5 种类型。

3. 使用报表向导创建报表时，报表向导提供的报表样式有_____、_____、_____、_____、_____ 5 种类型。

4. 在设计报表时，如果没有显示报表控件工具栏，可以选择"显示"菜单中的_____选项，启动报表控件工具栏。

5. "图片 /OLE 绑定控件"用于显示_____或_____的内容。

6. 多栏报表的栏目数可以通过_____来设置。

7. 在页面设置的"列"选项组中，可以设置报表的_____、_____和_____。

8. 在设置报表添加域控件时，可以从_____添加，也可以从_____添加。

9. Visual FoxPro 9.0 中的报表一般由_____和_____两部分组成。

10. 使用_____创建报表比较灵活，不但可以设计报表布局，规划数据在页面上的打印位置，而且还可以添加各种控件。

11. 创建分组报表需要按_____进行索引或排序，否则不能确保正确分组。

12. 如果已经对报表进行了数据分组，则此报表会自动包含_____和_____带区。

13. Visual FoxPro 9.0 提供了_____、_____和_____ 3 种制作报表的方法。

### 二、选择题

1. 报表的数据源可以是（　　　）。

A. 自由表和其他报表　　　　　　　　B. 自由表和数据库表

C. 自由表、数据库表和视图　　　　　D. 自由表、数据库表、查询和视图

2. 在"报表设计器"窗口中，可以使用的控件包括（　　　）。

A. 标签、域控件和线条　　　　　　　B. 标签、域控件和列表框

C. 标签、文本框和列表框　　　　　　D. 布局与数据源

3. 使用报表向导定义报表时，定义报表布局的选项是（　　）。

A. 列数、方向、字段布局　　　　　　　　B. 列数、行数、字段布局

C. 行数、方向、字段布局　　　　　　　　D. 列数、行数、方向

4. 数据分组的依据是（　　）。

A. 分组表达式　　　　B. 排序　　　　　　C. 查询　　　　　　　D. 索引

5. 默认情况下，"报表设计器"窗口中不包含的基本带区为（　　）。

A. 页标头　　　　　　B. 页注脚　　　　　　C. 标题　　　　　　　D. 细节

6. 在使用报表向导创建报表时，最多可以设置的分组层数是（　　）。

A.2　　　　　　　　　B.3　　　　　　　　　C.4　　　　　　　　　D.5

7. 使用报表向导创建报表时，下列不是总结选项的一组是（　　）。

A. 最小值、最大值　　B. 计数、最小值　　　C. 标准差、求和　　　D. 求和、平均值

8. 在使用报表向导创建一对多报表时，关于设置排序方式的说法正确的是（　　）。

A. 只能父表中设置排序字段

B. 可以从父表或子表中设置排序字段

C. 必须设置排序字段，否则无法继续进行

D. 只能设置字段排序，不能设置索引标识排序

9. 报表的数据源可以是（　　）。

A. 表或视图　　　　　B. 表或查询　　　　　C. 表、查询或视图　　D. 表或其他报表

10. 在整个报表布局中，只打印一次的是（　　）。

A. 标题　　　　　　　B. 页标头　　　　　　C. 列标头　　　　　　D. 组标头

11. 要设置控件的前景色和背景色，可以使用（　　）。

A. 报表控件工具栏　　　　　　　　　　　　B. 布局工具栏

C. 调色板工具栏　　　　　　　　　　　　　D. 报表预览工具栏

12. 在"报表表达式"对话框中可以设置（　　）。

A. 格式、域控件位置、标题　　　　　　　　B. 格式、域控件位置、表达式

C. 表达式、域控件位置、组标头　　　　　　D. 控件位置、备注、列标头

13. 在"快速报表"对话框中，系统默认的基本带区有（　　）。

A. 页标头和页注脚带区

B. 页标头、细节和页注脚带区

C. 标题、细节和总结带区

D. 标题、页标头、细节、页注脚和总结带区

14. 下列关于报表的说法中，正确的是（　　）。

A. 报表必须有别名　　　　　　　　B. 报表的数据源不可以是视图

C. 报表的数据源不可以是临时表　　D. 可以不设置报表的数据源

15. 下列关于创建报表的方法中，错误的是（　　）。

A. 使用报表设计器可以创建自定义报表

B. 使用报表向导可以创建报表

C. 使用快速报表可以创建简单规范的报表

D. 利用报表向导创建的报表是快速报表

16.有报表文件 PP1，在"报表设计器"窗口中修改该报表文件命令是（　　　）。

A.CREATE REPORT PP1　　　　　　　B.MODIFY REPORT PP1

C.CREATE PP1　　　　　　　　　　　D.MODIFY PP1

17.分组报表设计中，数据分组的依据是（　　　）。

　A.排序　　　　　　B.数据表　　　　　C.分组表达式　　　　D.以上都不是

18.Visual FoxPro 9.0 提供的各种设计器中，可以用来定义表单或报表中使用的数据源的是（　　　）。

　A.表单设计器　　　　B.表设计器　　　　C.数据环境设计器　　D.数据库设计器

19.在报表中打印当前时间，这时应该插入一个（　　　）。

　A.表达式控件　　　B.域控件　　　　　　C.标签控件　　　　　　D.文本控件

20.下列关于报表带区及其作用的叙述，错误的是（　　　）。

　A.对于"标题"带区，系统只在报表开始时打印一次该带区所包含的内容

　B.对于"页标头"带区，系统只打印一次该带区所包含的内容

　C.对于"细节"带区，每条记录的内容只打印一次

　D.对于"组标头"带区，系统将在数据分组时每组打印一次该内容

21.下列关于 Visual FoxPro9.0 中报表的叙述，正确的是（　　　）。

　A.在报表设计器中每个带区的大小是不可以改变的

　B.报表数据源只能是数据库表

　C.如果报表需要按照某一字段值的大小顺序输出，则相应的表或视图必须按该关键字段索引

　D.报表的"页标头"带区的内容每条记录打印一次

22.在 Visual FoxPro9.0 中，创建报表的命令是（　　　）。

A.MODIFY REPORT　　　　　　　　B.CREATE REPORT

C.SET REPORT　　　　　　　　　　D.PREVIEW REPORT

23.在 Visual FoxPro9.0 中，报表的数据源不包括（　　　）。

　A.数据库表　　　　B.自由表　　　　　C.视图　　　　　　　D.表单

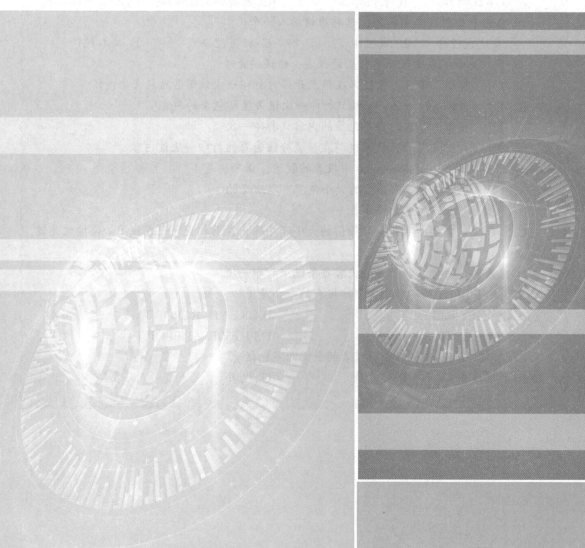

# 项目 9

## 菜单设计

■菜单设计概述

■定义工具栏

学习目标 ⇨
1. 了解系统菜单的组成。
2. 能够利用系统自定义菜单。
3. 能创建快捷菜单。
4. 掌握定义工具栏的方法。
5. 能创建简单的工具栏。

# 9.1  菜单设计概述

菜单是一个为用户提供功能服务的应用程序窗口。除了系统提供的菜单外，用户还可以在自己设计应用程序时定义菜单，给应用程序添加一个友好的界面，方便用户操作。

## 9.1.1  系统菜单

Visual FoxPro 9.0 系统菜单是一个典型的菜单系统，其主菜单是一个条形菜单，内部名称为 _MSYSMENU，也可将其看成是整个菜单的名称。表 9-1 列出了系统主菜单及其内部名称，该名称可以直接被调用。表 9-2 列出了"文件"菜单的部分选项和其内部名称。

表 9-1  系统主菜单及其内部名称

| 主菜单 | 主菜单内部名称 |
|---|---|
| 文件 | _msm_file |
| 编辑 | _msm_edit |
| 显示 | _msm_view |
| 工具 | _msm_tools |
| 程序 | _msm_prog |
| 窗口 | _msm_windo |
| 帮助 | _msm_systm |

表 9-2  "文件"菜单的部分选项及其内部名称

| "文件"菜单项 | 内部名字 | "文件"菜单项 | 内部名称 |
|---|---|---|---|
| 新建 | _mfi_new | 导入 | _mfi_import |
| 打开 | _mfi_open | 导出 | _mfi_export |
| 关闭 | _mfi_close | 页面设置 | _mfi_pgset |
| 保存 | _mfi_save | 打印预览 | _mfi_prevu |
| 另存为 | _mfi_savas | 打印 | _mfi_sysprint |
| 另存为 HTML | _mfi_saveashtml | 发送 | _mfi_send |
| 还原 | _mfi_revrt | 退出 | _mfi_quit |

使用 SET SYSMENU 命令可以配置系统菜单。其命令格式如下：

```
SET SYSMENU AUTOMATIC | ON |OFF |TO< 菜单名 > | TO <DEFAULT>
```

说明：

（1）SET SYSMENU ON：允许程序执行时访问系统文件。

（2）SET SYSMENU OFF：禁止程序执行时访问系统文件。

（3）SET SYSMENU AUTOMATIC：可使系统菜单显示出来，可以访问系统菜单。

（4）SET SYSMENU TO < 菜单名 >：重新配置系统菜单，只显示 < 菜单名 > 指定的菜单项。

（5）SET SYSMENU TO DEFAULT：恢复系统菜单的默认设置。

（6）SET SYSMENU TO：屏蔽系统菜单，使其不可用。

例 1：只显示系统菜单中的"文件"菜单。

```
SET SYSMENU TO _msm_file
```

例 2：只显示系统菜单中的"显示"和"窗口"命令。

```
SET SYSMENU TO _msm_view, _msm_windo
```

例 3：屏蔽系统菜单。

SET SYSMENU TO

## 9.1.2 菜单的创建方法

菜单文件的扩展名为 .mnx，菜单程序文件的扩展名为 .mpr。可以使用菜单设计器创建用户需要的菜单。在创建菜单前，必须先确定主菜单，然后是主菜单中包含的菜单项及菜单中是否含有子菜单，在设计菜单时，一般不直接给主菜单指定任务。

### 1. 启动菜单设计器

可以通过以下方法启动"菜单设计器"。

（1）使用菜单启动菜单设计器

执行"文件"→"新建"命令，或单击常用工具栏上的"新建"按钮，打开"新建"对话框，选中"菜单"单选按钮，如图 9-1 所示，单击"新建文件"按钮，弹出"新建菜单"对话框，如图 9-2 所示，用户可以创建菜单和快捷菜单两种形式的菜单，单击"菜单"按钮，将启动并打开如图 9-3 所示的"菜单设计器"窗口，此时 Visual FoxPro 9.0 的系统菜单将出现在"菜单"菜单中。

（2）使用项目管理器启动菜单设计器

打开"项目管理器"窗口，选择"其他"选项卡，选择"菜单"选项，单击"新建"按钮，如图 9-4 所示。打开"新建菜单"对话框，单击"菜单"按钮，即可启动"菜单设计器"。

（3）使用命令方式启动菜单设计器

在命令窗口中输入 CREATE MENU < 菜单名 > 命令，启动"菜单设计器"，新建指定"菜单名"的菜单文件，或者输入 MODIFY MENU < 菜单名 > 命令，在"菜单设计器"窗口中修改已有的文件名为"菜单名"的菜单文件。

图 9-1 "新建"对话框

图 9-2 "新建菜单"对话框

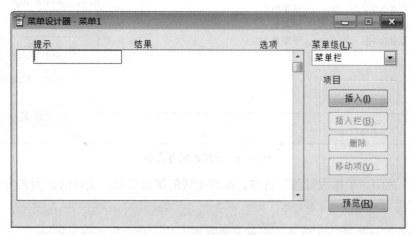

图 9-3 "菜单设计器"窗口

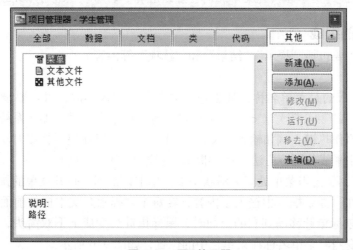

图 9-4 项目管理器

## 2. 创建快速菜单

Visual FoxPro 9.0 为用户提供了快速菜单的功能，它将系统菜单自动添加到"菜单设计器"窗口中，其中许多菜单项可以作为应用程序的菜单来使用。

【例 9-1】生成一个快速菜单。

具体操作步骤如下。

【步骤 1】在"项目管理器"窗口中的"其他"选项卡下，选择"菜单"选项，单击"新建"按键，出现"新建菜单"对话框，如图 9-2 所示。

【步骤 2】单击"菜单"按钮，弹出"菜单设计器"窗口，单击"菜单"→"快速菜单"命令，在"菜单设计器"窗口中自动加载系统菜单，如图 9-5 所示。

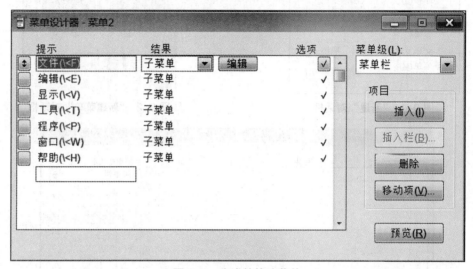

图 9-5　生成的快速菜单

【步骤 3】关闭"菜单设计器"窗口，保存生成的快速菜单，文件的扩展名为 .mnx。

【提示】
（1）预览或运行该快捷菜单，生成菜单程序文件，其扩展名为 .mpr。
（2）快速生成的菜单和系统菜单相同，可以对其中的功能项进行增删或修改。

## 3. 菜单设计器的组成

菜单设计器主要包括"提示""结果"和"选项"等内容。

（1）提示。

"提示"中输入的是菜单名称，如果想为菜单名称加入热键，可在要设定为热键的字母前加上一反斜线（\）和小于号（<）。如果用户没有给出这个符号，那么系统菜单名称的第一个字母就被自动当作热键。例如输入"文件（\<F）"，也可以在提示栏中对功能相近的菜单分组，中间用一条水平线分隔，方法是在"提示"栏输入"\_"字符。

所谓"热键"，是指当菜单处于激活状态下，单击该键即可打开菜单的按键。

另外，一旦在"提示框"中输入了内容，在每个"提示"文本框的前面就会出现一个小方块按钮，当把鼠标指针移动到它的上面时，鼠标指针会变成上下双箭头，用鼠标拖动它上下移动时，可改变当前菜单名称在菜单栏中的位置，如图 9-6 所示。

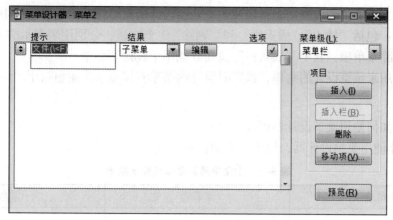

图 9-6　提示框操作

（2）结果。

"结果"列用于指定用户在选择菜单标题或菜单项时发生的动作，它包括"命令""填充名称""子菜单"和"过程"4 个选项。

①命令：如果选择"命令"选项，表示菜单项的功能是执行一条命令。选中后，其右边将出现一个文本框，在此文本框中输入要执行的命令。

②填充名称（或菜单项＃）：若选择此项，可以定义第一级菜单的菜单名称或子菜单的菜单项序号。若"菜单设计器"窗口右侧的"菜单级"下拉列表框选择的是"菜单栏"选项，则该处显示"填充名称"，表示由用户来定义菜单名；若"菜单设计器"窗口右侧的"菜单级"下拉列表框选择的是其他内容（子菜单），则该处显示"菜单项＃"，表示由用户来定义菜单项序号。无论是哪种情况，其右侧都会出现文本框，用户只需将名称或序号输入其中即可。

③子菜单：选择该选项，表示该菜单项包含一个子菜单。这时在"结果"右侧出现"创建"或"编辑"命令按钮，首次定义菜单时为"创建"按钮，以后是"编辑"按钮，单击它进入编辑子菜单窗口。通过窗口右侧的"菜单级"下拉列表框选择选项，可以返回到上级菜单或主菜单。

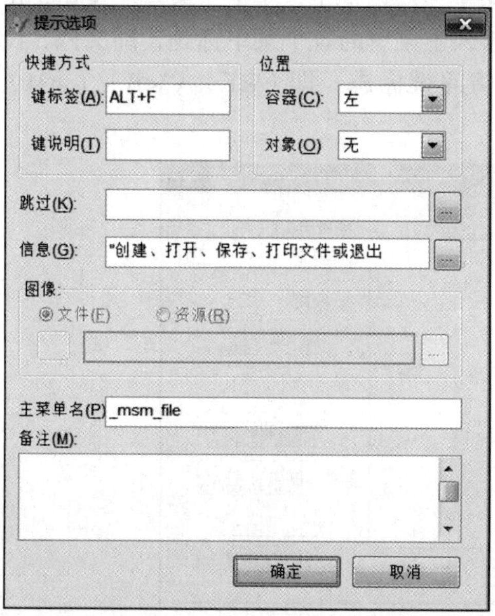

④过程：选择该选项，表示该菜单项执行一个由多条命令代码组合而成的过程。这时在"结果"右侧出现"创建"或"编辑"命令按钮，首次定义菜单时为"创建"按钮，以后是"编辑"按钮，单击它进入编辑过程窗口。在编写过程时，不必在开始和结束处使用 PROCEDURE…ENDPROC 语句，在生成菜单程序文件时，系统自动生成这两个语句。

（3）选项。

单击"选项"列的按钮后，出现如图 9-7 所示的"提示选项"对话框，用来设置菜单项高级属性。

除了上述的"菜单名称""结果"和"选项"外，还包括"菜单级""菜单项"和"预览"选项。

图 9-7　"提示选项"对话框

①菜单级：该下拉列表框用来指定或改变当前设计的菜单在菜单层次结构中的位置。

②菜单项：包括"插入""插入栏"和"删除"3个按钮，分别用来表示插入菜单项、系统菜单项和删除菜单项，其中"插入栏"按钮只能用于设计子菜单。

③预览：用来预览设计的菜单，预览时设计的菜单直接显示在主窗口中。

### 4. 创建菜单

下面介绍如何使用菜单设计器创建菜单。

【例9-2】使用菜单设计器，创建一个如表9-3所示的功能菜单。

表9-3　主菜单及其菜单项和子菜单

| 主菜单 | 菜单项 | 子菜单 |
|---|---|---|
| 文件（\<F） | 新建<br>打开<br>关闭 | |
| 浏览（\<B） | "XSCJ"表<br>"XSDA"表<br>"XSJS"表 | |
| 管理（\<M） | XSCJ<br>XSDA | |
| 工具（\<T） | 向导 | 表<br>查询<br>表单<br>报表 |
| 退出（\<Q） | 退出 | |

使用菜单设计器创建菜单的具体操作步骤如下。

【步骤1】创建主菜单。在图9-2所示的"新建菜单"对话框中，单击"菜单"按钮，出现"菜单设计器"窗口，在"菜单名称"栏中分别输入主菜单的各个菜单标题，即文件、浏览、管理、工具和退出，并为各个菜单标题加上访问键标志，即（\<F）、（\<B）、（\<M）、（\<T）和（\<Q），结果如图9-8所示。

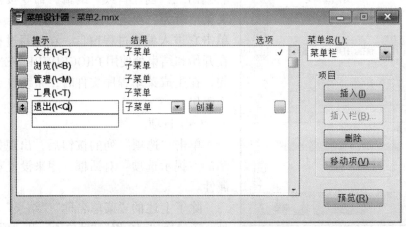

图9-8　设计主菜单的菜单标题

【步骤 2】创建菜单项。创建菜单项就是给各菜单标题添加菜单项，定义所要执行的命令、过程或包含的子菜单。例如，给菜单标题"文件"添加菜单项，即新建、打开和关闭。

①在图 9-8 所示的"菜单设计器"窗口中选择要添加菜单项的菜单标题，如选择"文件"选项，在"结果"下拉列表框中选择"子菜单"选项，并单击其右侧的"创建"按钮，这时屏幕出现一个新的"菜单设计器"窗口。

②新出现的"菜单设计器"窗口是要创建的二级菜单，即菜单项，它所对应的上级菜单可以从"菜单级"下拉列表框中反映出来。建立主菜单"文件"所包含的 3 个菜单项，即新建、打开和关闭，如图 9-9 所示。

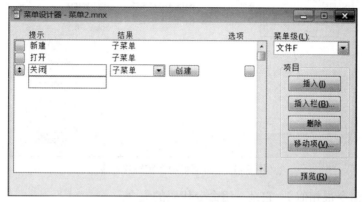

图 9-9　"文件"所包含的菜单项

③选择"菜单级"下拉列表框中的"菜单栏"选项，返回到主菜单中的"菜单设计器"窗口。根据上述操作，给"浏览""管理""工具"和"退出"菜单添加菜单项，同样也可以给每个菜单项定义一个访问键。

【步骤 3】定义菜单项功能。定义菜单项的功能可以通过"菜单设计器"窗口中的"结果"下拉列表框中的 4 个选项（命令、菜单项 #、子菜单和过程）来实现。

①主菜单"文件"中包含 3 个菜单项：新建、打开和关闭。

在图 9-9 所示的"菜单设计器"窗口中的"结果"下拉列表框中选择"菜单项 #"选项，并在其右侧的空白处输入该菜单项所完成功能的内部名称或操作命令。例如，"新建"菜单项对应的内部名称为：_mfi_new，"打开"菜单项对应的内部名称为：_mfi_open，"关闭"菜单项对应的内部名称为：_mfi_close，结果如图 9-10 所示。

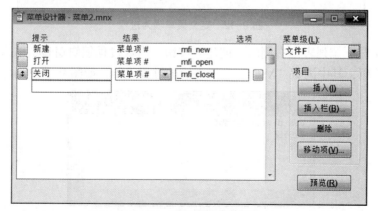

图 9-10　给菜单项指定任务

②在"结果"下拉列表框中选择"命令"选项,表示为菜单项或子菜单指定一条 Visual FoxPro 命令,完成指定的操作。

将"管理"菜单中的两个菜单项"成绩"和"学籍"分别定义为命令,所实现的功能分别表示执行表单 d:\VF\ 成绩 .scx 和 d:\VF\ 学籍 .scx,对应的操作命令分别为:do form d:\VF\ 成绩 .scx 和 do form d:\VF\ 学籍 .scx,如图 9-11 所示。"退出"菜单项所对应的操作命令为:Set Sysmenu to default。

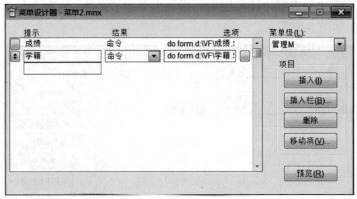

图 9-11　给菜单项指定操作命令

③过程(与命令很相似),它是一组命令代码的集合。

将"浏览"菜单中的 3 个菜单项:"XSCJ"表、"XSDA"表和"XSJS"表,分别定义为过程,其功能分别是浏览"XSCJ"表、"XSDA"表和"XSJS"表中的记录。如图 9-12 所示。

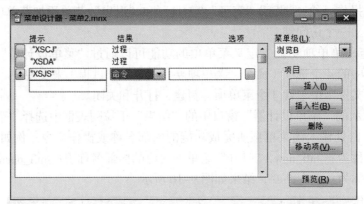

图 9-12　定义菜单项为过程

单击"结果"下拉列表框右侧的"创建"按钮,出现过程编辑窗口,输入执行该菜单项所对应的过程代码,其中浏览"XSCJ"表所对应的过程代码,如图 9-13 所示。

图 9-13　浏览"XSCJ"表所对应的过程代码

由于 Visual FoxPro 9.0 会自动生成 PROCEDURE 语句，因此不必在过程编辑窗口中输入此语句。

同样方法，浏览 "XSDA" 表和浏览 "XSJS" 表记录所对应的过程代码，请读者自己定义。

【步骤 4】定义快捷键。除了给菜单项设置访问键，还可以给菜单或菜单项定义快捷键。快捷键一般用 Ctrl 键或 Alt 键与另一个键相组合。快捷键与访问键的区别在于：使用快捷键可以在不显示菜单的情况下选择菜单中的某一个菜单项。例如，在 Visual FoxPro 9.0 系统中按 Ctrl+N 组合键，建立一个新文件。下面介绍如何给菜单或菜单项定义一个快捷键。

例如，给 "文件" 菜单中的 "新建" 和 "打开" 菜单项分别定义快捷键为 Ctrl+N 和 Ctrl+O。

①在 "菜单设计器" 窗口中选择要定义快捷键的菜单或菜单项，选择 " 文件" 菜单中的 "新建" 菜单项。

②单击 "新建" 菜单项右侧的 "选项" 按钮，出现 "提示选项" 对话框。在 "提示选项" 对话框中的 "键标签" 文本框中输入一对组合键，按下的组合键就是要定义的快捷键，并显示在 "键标签" 文本框中。例如，输入 Ctrl+N 组合键，在 "键说明" 文本框中自动显示为 Ctrl+N，也可以更改 "键说明" 内容，如更改为 "^N"，如图 9–14 所示。

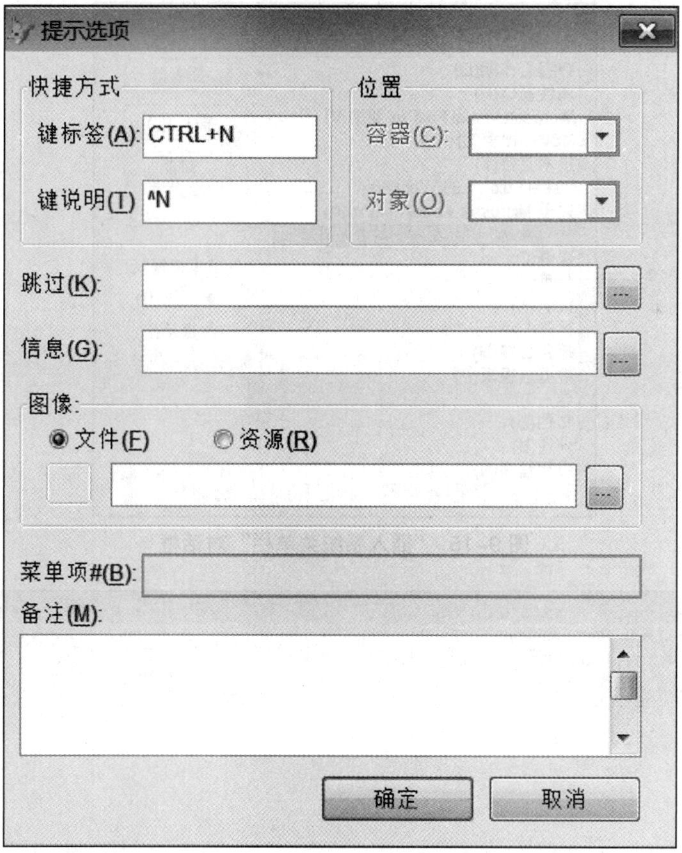

图 9–14 "提示选项" 对话框

在 "提示选项" 对话框中包含有 "跳过" "信息" "图像" "菜单项＃" 等。

③单击 "提示选项" 对话框中的 "确定" 按钮，返回 "菜单设计器" 窗口，单击 "选项" 按钮出现对号标记，表明已进行了设置。

同样方法，设置"打开"和"关闭"快捷键。

【步骤 5】添加系统菜单项。在使用"菜单设计器"窗口创建菜单时，可以将系统菜单中的部分菜单项加载到用户创建的菜单中。例如，在"工具"菜单中设置一个"向导"子菜单，"向导"子菜单中包含有表、查询、表单和报表 4 个菜单项。因此，可以将系统菜单中的这 4 个向导加载到"菜单设计器"窗口中。

①在"菜单设计器"窗口中选择"向导"选项，将其"结果"列设置为"子菜单"，并单击其右侧的"创建"按钮，进入"向导"子菜单设计器窗口。

②单击"菜单设计器"窗口中的"插入栏"按钮，出现"插入系统菜单栏"对话框，如图 9-15 所示。

③在"插入系统菜单栏"对话框中，选择要插入的菜单项，然后单击"插入"按钮。例如，依次将表、查询、表单和报表 4 个向导选项插入到"菜单设计器"窗口中，结果如图 9-15 所示。保存以上创建的菜单，如以文件名为"菜单 2.mnx"，单击"预览"按钮，可以查看创建的菜单效果。

④单击"程序"菜单中的"运行"命令，运行"菜单 2.mpr"文件，或者在命令窗口输入命令"DO 菜单 2.mpr"，运行创建的菜单，运行结果如图 9-16 所示。

图 9-15 "插入系统菜单栏"对话框

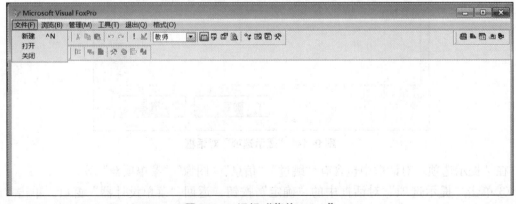

图 9-16 运行"菜单 2.mpr"

【步骤6】菜单初始化。菜单初始化过程是一个全局过程，应用于整个菜单系统。给菜单系统添加初始化代码可以定制菜单系统。初始化代码可以包括创建环境代码、定义变量代码、打开所需文件代码，以及使用 PUSH MENU 和 POP MENU 保存或恢复菜单系统代码。

### 5. 创建快捷菜单

快捷菜单设计完成后，首先将其生成为菜单程序文件，然后运行该菜单程序文件。运行快捷菜单的方法是：在要运行快捷菜单的控件或对象的 RightClick 事件中添加执行菜单程序代码。例如，若生成的快捷菜单程序文件为 KJ.mpr，要在表单运行过程中调用该菜单，则在表单的 RightClick 事件中写入命令 DO KJ.mpr 即可。

【例 9-3】为某表单添加一个包含有"剪切""复制""粘贴"和"清除"功能的快捷菜单。

具体操作步骤如下。

【步骤1】在如图 9-2 所示的"新建菜单"对话框中，单击"快捷菜单"按钮，打开"快捷菜单设计器"窗口。

【步骤2】在"快捷菜单设计器"窗口中，添加"剪切""复制""粘贴"和"清除"菜单项，并分别指定它们所完成的功能，也可以利用添加系统菜单项的方法添加以上 4 个菜单项，如图 9-17 所示。

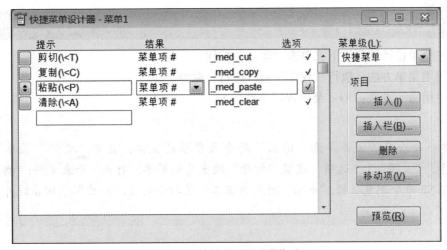

图 9-17  "快捷菜单设计器"窗口

【步骤3】保存新创建的快捷菜单，文件名为 KJ.mnx。运行并生成 KJ.mpr 文件。

【步骤4】打开需要设置快捷菜单的表单，设置 RightClick 事件代码为：DO KJ.mpr，如图 9-18 所示，保存该表单。

【步骤5】执行表单，右击即可调出快捷菜单，如图 9-19 所示。

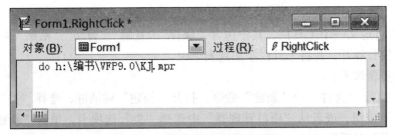

图 9-18  表单"方法程序"窗口

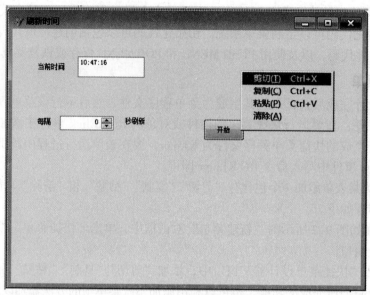

图 9-19　运行快捷菜单的表单

### 9.1.3　运行菜单程序

（1）在菜单设计器环境下：单击"运行"按钮。

（2）使用菜单方法：执行"程序"→"运行"命令。

（3）使用命令方法：DO < 菜单程序文件名 >。

【练一练】

创建一个含有"文件"和"退出"两个菜单项的菜单，其中"文件"菜单有"打开""浏览""关闭"3 个选项，这里"打开"调出系统菜单，打开一个表文件；"浏览"使用 BROWSE 命令浏览数据；"关闭"关闭当前工作区打开的表；"退出"返回系统并恢复系统设置。

## 9.2　定义工具栏

Visual FoxPro 9.0 系统为用户提供了大量丰富的工具栏，用户在开发应用程序时，也可以自己创建工具栏，将经常重复执行的任务，以按钮的形式添加到工具栏中。在表单中添加一个用户自定义工具栏的方法共 4 步：定义工具栏类；在工具栏类中添加对象；定义操作；在表单集中添加工具栏。

【例 9-4】自定义一个工具栏，其中包含"保存""复制""剪切""粘贴"4 个按钮，"保存"与其他三项分隔开，并将工具栏添加到表单中。

具体操作步骤如下。

【步骤 1】执行"文件"→"新建"命令，打开"新建"对话框，选择"类"选项卡，单击"新建文件"按钮，或者从"项目管理器"中选择"类"选项卡，单击"新建"按钮，均可打开"新建类"对话框。

【步骤 2】在"类名"文本框中输入新类的名称，在"派生于"下拉列表框中选择"Toolbar"选项，以使用工具栏基类，或者单击按钮，以便选择其他工具栏类，如图 9-20 所示。

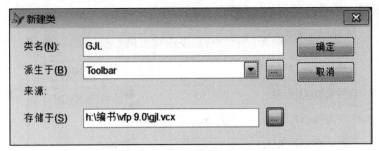

图 9-20 "新建类"对话框

【步骤 3】单击"确定"按钮，打开"类设计器"窗口，如图 9-21 所示。

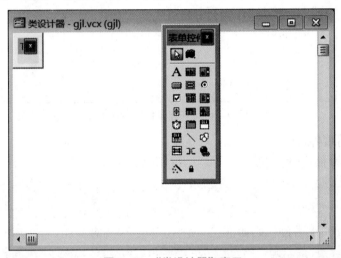

图 9-21 "类设计器"窗口

【步骤 4】设计按钮。从"表单控件"工具栏上，选择"按钮"控件，单击"锁定"按钮，将鼠标光标置于自定义工具栏上，单击 4 次，工具栏上出现 4 个按钮控件，如图 9-22 所示。

【步骤 5】添加分隔符。在"表单控件"工具栏上单击"分隔符"按钮，将鼠标光标置于"自定义"工具栏上第一个与第二个按钮之间并单击，这时第一个与第二个按钮之间会出现一个间隔，将按钮按性质分组。

【步骤 6】修改"Picture"命令按钮属性，可添加图片。在"表单控件"工具栏上单击"选定对象"按钮，单击"自定义"工具栏上第一个按钮，在"属性"对话框中选择"Picture"属性，单击按钮选择图片。本例中图片是在安装路径 VFP9\Wizards\Graphics 文件夹中选择图片，单击"确定"按钮，即可添加图片。图片的名称分别为：SAVE.bmp、COPY.bmp、CUT.bmp、PASTE.bmp，效果如图 9-23 所示。

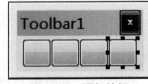

图 9-22 添加按钮

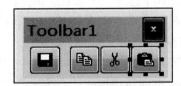

图 9-23 设计工具栏

【步骤 7】为新建的工具栏类添加一个自定义属性 oFormRef。执行"类"→"新建属性"命令，打开"新建属性"对话框。在"名称"文本框中输入"oFormRef"，如图 9-24 所示，单击"添加"按钮，再单击"关闭"按钮。

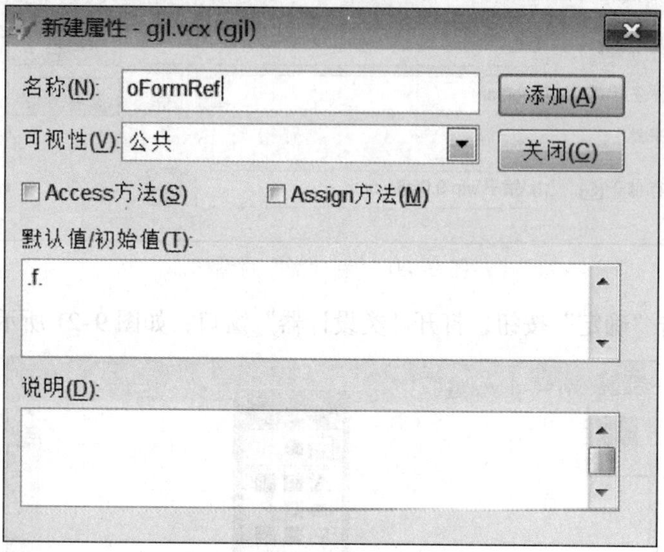

图 9-24 "新建属性"对话框

【步骤 8】编写事件代码。

工具栏的 Init 事件代码如下：

```
PARAMETER oForm
THIS.oFormRef= oForm
```

工具栏的 AfterDock 事件代码如下：

```
WITH_ VFP.Act iveForm
Top= 0
Left=0
Height= THIS.oFormRef.Height- 32
Width= THIS.oFormRef.Width- 8
```

命令按钮的 Click 事件代码如下：

```
Command1 :_VFP.ActiveForm.save
Command2 :SYS（ 1500, "_med_copy", "_medit"）
Command3: SYS（ 1500, "_med_cut", "medi"）
Command4 :SYS（ 1500, "_med_paste" , "_medit"）
```

【步骤 9】保存自定义工具栏类。

【步骤 10】打开一个带有编辑控件的表单。

【步骤 11】在"表单控件"工具栏中选择"查看类"按钮，在弹出的下拉列表中选择"添加"选项，打开"打开"对话框。

【步骤 12】在"打开"对话框中选择自定义工具栏可视类库的"gjl.vcx"文件，单击"打开"按钮，此时所添加的新类按钮将会出现在"表单控件"工具栏上，如图 9-25 所示。

【步骤 13】在控件工具栏中选择自定义类"gil"控件,单击表单的空白处,将弹出如图 9-26 所示的提示框,询问是否创建表单集。

图 9-25 表单控件

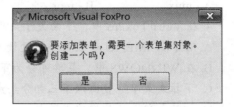

图 9-26 创建表单集提示框

【步骤 14】单击"是"按钮,则系统将首先创建一个含有被打开表单的表单集,然后将新的工具栏加入到表单集中。

【步骤 15】保存并执行表单,可以看到新的工具栏出现在运行窗口中,如图 9-27 所示。该工具栏可以放在运行窗口中的任何位置,并在关闭表单集时自动关闭。

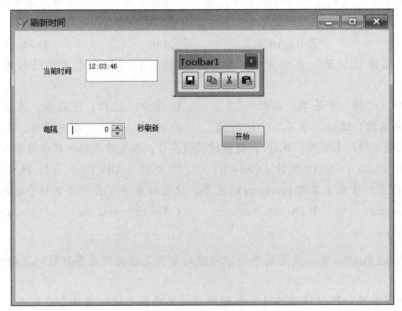

图 9-27 添加工具栏后的效果

|||||||||||||||||||||||||||||||||| 巩固提升 ||||||||||||||||||||||||||||||||||

一、选择题

1. 以下是在 Visual FoxPro 中设置系统菜单有关的命令,其中错误的是(    )。

A.SET SYSMENU TO AUTOMATIC       B.SET SYSMENU TO DEFAULT

C.SET SYSMENU ON                           D.SET SYSMENU TO

2. 在 Visual FoxPro 中定义菜单标题和设置菜单访问键时,需要在访问键代表字母前加字符(    )。

A. \-                     B. >\                     C. \<                     D. -\

3. 在 Visual FoxPro 中，菜单文件的扩展名为（　　　）。

A. .mnx    B. .mpr    C. .pqr    D. .scr

4. 在 Visual FoxPro 中，下面关于菜单的说明，错误的是（　　　）。

A. SET SYSMENU 是在程序中设计 Visual FoxPro 系统菜单的语句

B. 在 WINDOWS 中，菜单可分为下拉式菜单和快捷菜单两类

C. 下拉式菜单一般由以下三部分组成：菜单栏、菜单标题和菜单项

D. 快捷菜单，又称弹出式菜单

5. 在 Visual FoxPro 9.0 中，"文件"菜单中的"打开"菜单项的内部名称是（　　　）。

A._mfi_new   B._mfi_import   C._mfi_prevu   D._mfi_open

6. 菜单程序文件的扩展名为（　　　）。

A..mnx    B..mpr    C..mnt    D..mpx

7. 要为某个对象创建一个快捷菜单，需要在该对象中添加调用对应菜单程序事件代码是（　　　）。

A.Click    B.RightClick    C.Init    D.Move

8. 在"菜单设计器"窗口中的"结果"列的下拉列表框中可供选择的项目包括（　　　）。

A. 命令、过程、子菜单、函数    B. 命令、过程、子菜单、菜单项 #

C. 填充名称、过程、子菜单、快捷键  D. 命令、过程、填充名称、函数

9. 如果菜单项的名称为"统计"，键盘访问键是 T，在菜单名称一栏中应输入（　　　）。

A. 统计（\<T）  B. 统计（Ctrl+T）  C. 统计（Alt+T）  D. 统计（T）

10. 假设已经生成了名为 mymenu 的菜单，执行该菜单可在命令窗口中输入（　　　）。

A.Do mymenu  B.Do mymenu.mpr  C.Do mymenu.mnx  D.Do mymenu.pjx

## 二、判断题

1. 在 Visual FoxPro 中，设置菜单项访问键的方法是在指定菜单标题时在键前加"<\"字符。                （　　　）

2. 利用菜单设计器设计菜单时，各菜单项及其功能必须由用户自己定义。 （　　　）

3. 在菜单设计中，如果为某个菜单项创建下访问键，就不能为其创建快捷键了。                   （　　　）

4. 不指定任何参数的 SET SYSMENU TO 命令，屏蔽系统菜单。 （　　　）

5. 要为每个对象创建一个快捷菜单，需要在该对象中添加对应菜单程序事件代码的是 CLICK。                 （　　　）

6. 菜单项分组是把菜单项分到不同的菜单中。      （　　　）